葡萄与葡萄酒工程专业系列教材

葡萄与葡萄酒实习实践

主　编

张亚红　刘　旭

李　明　高　宇

周　娟

副主编

党仕卓　高迎东

袁　苗　魏　锋

马丽娟　徐国前

参　编

薛婷婷　路　妍

刘现彦　李梅花

王彦丽　戴仲龙

孙　霄　王　宏

段亚茹　杨彦朋

撒晓梅　姬欣欣

科学出版社

北　京

内 容 简 介

葡萄与葡萄酒学是以应用基础研究为主,立足生产实际的一门学科,作为一门与实践结合紧密的课程,实习实践在该学科专业学生培养中发挥重要作用。本教材以学科和产业需求为基本依据,结合宁夏大学葡萄与葡萄酒工程专业教师多年教学实践经验,进一步进行系统优化设计,形成葡萄栽培、葡萄园田管理、葡萄酒酿造及葡萄酒后期管理四章为主要内容的实习实践指导书,具备科学性、系统性和实用性。此外,本书配套大量实习实践视频,便于教师授课和学生学习。

本书可作为葡萄与葡萄酒工程专业及其相关专业的本科生教材,同时可供从事葡萄栽培、酿造相关的技术工作者参考。

图书在版编目(CIP)数据

葡萄与葡萄酒实习实践/张亚红等主编. —北京:科学出版社,2023.6
葡萄与葡萄酒工程专业系列教材
ISBN 978-7-03-075310-6

Ⅰ.①葡… Ⅱ.①张… Ⅲ.①葡萄栽培-高等学校-教材 ②葡萄酒-酿造-高等学校-教材 Ⅳ.①S663.1 ②TS262.61

中国国家版本馆 CIP 数据核字(2023)第 066878 号

责任编辑:席 慧/责任校对:严 娜
责任印制:张 伟/封面设计:蓝正设计

科学出版社出版
北京东黄城根北街 16 号
邮政编码:100717
http://www.sciencep.com

北京凌奇印刷有限责任公司 印刷
科学出版社发行 各地新华书店经销

*

2023 年 6 月第 一 版 开本:787×1092 1/16
2024 年 1 月第二次印刷 印张:6 3/4
字数:173 000

定价:29.80 元
(如有印装质量问题,我社负责调换)

前　言

实习实践教学作为我国高等学校教学体系的重要组成部分之一，将理论和实际相结合的同时，还可以提高学生对自然界的了解及认知，有效开阔学生的视野，提升学生的专业理论知识水平、创新能力及实践能力，对学生未来的发展有着重要的意义。葡萄与葡萄酒工程专业是一门理论与实践并重的专业，实习实践是该专业本科生培养过程中重要的教学环节，也是专业知识结构中不可或缺的部分，有助于帮助学生掌握葡萄栽培和葡萄酒的生产工艺流程，方便理论知识与生产实践相结合、熟悉产业发展现状与前景，培养学生踏实认真的工作态度和工作作风。

构建科学合理的实践教学体系，是时代社会发展和区域经济的要求，同时也是展示学校办学理念和办学特色的要求。为全面贯彻党的二十大精神，深入贯彻落实习近平总书记关于教育的重要论述，深化新工科建设，加强高等学校战略性新兴领域卓越工程师培养，以及教育部实施教育数字化战略行动，宁夏大学充分发挥教材作为人才培养关键要素的重要作用，强化实践教学体系构建，将实践能力培养贯穿于葡萄与葡萄酒工程专业教育全过程，力求实现专业实践能力培养全程不间断，形成了"从土地到餐桌"的全方位专业实习模式，实习实践初见成效。编者在总结多年来葡萄与葡萄酒工程专业实习实践经验的基础上，结合近年教学经验和研究成果，编写了《葡萄与葡萄酒实习实践》一书，旨在将专业理论与实践结合起来，为葡萄与葡萄酒工程专业实习实践课程的教学提供指导，为葡萄与葡萄酒工程专业复合型应用型人才的培养提供参考，也为实践教学体系科学设置提供支持。

本书从葡萄栽培、葡萄园田管理、葡萄酒酿造及葡萄酒后期管理四章系统化指导了葡萄从种植到酿造再到成为一瓶葡萄酒的整个过程，贯穿葡萄的生长、管理、生产工艺实践和贮藏检验等，具备一定科学性、合理性、实用性。"七分栽培，三分酿造"，葡萄栽培内容围绕葡萄生长物候期展开，总结了葡萄春天出土上架到埋土防寒过程中的护理要点和操作指南；园田管理内容从葡萄园建立、小气候监测、病虫害防治、土壤和水肥管理等方面指导学生实习实践；酿造内容以葡萄酒酿造为主线，通过五大类葡萄酒酿造工艺完整阐述了酿造工艺的实践环节；葡萄酒后期管理内容将葡萄酒装瓶—贮藏—酒窖管理—侍酒—稳定成熟——讲解，标志着葡萄完成了从"土地到餐桌"的蜕变。书中有些实践较为基础，是为了让学生在实习实践过程中掌握基本原理和操作技能，提高学生分析问题和处理问题的能力，有些实践内容综合了不同的操作流程，要求学生能够综合运用学过的知识，加深对理论知识的掌握。

本书的编写集中了宁夏大学相关教师和学生的智慧，得到了科学出版社的大力支持，在此一并致谢。

编　者

2023 年 2 月于宁夏大学

教学课件索取单

凡使用本书作为教材的主讲教师,可获赠教学课件一份。欢迎通过以下两种方式之一与我们联系。

1. 关注微信公众号"科学 EDU"索取教学课件
关注→"教学服务"→"课件申请"

科学 EDU

2. 填写教学课件索取单拍照发送至联系人邮箱

姓名:	职称:	职务:
学校:	院系:	
电话:	QQ:	
电子邮箱(重要):		
所授课程1:		学生数:
课程对象:□研究生 □本科(___年级) □其他_____		授课专业:
所授课程2:		学生数:
课程对象:□研究生 □本科(___年级) □其他_____		授课专业:
使用教材名称/作者/出版社:		食品专业教材 最新书目

联系人:席慧　　咨询电话:010-64000815　　回执邮箱:xihui@mail.sciencep.com

全书配套大量实习实践操作视频,可扫描"视频集"二维码或扫描书中对应二维码查看。

视频集

目　录

前言

第一章　葡萄栽培实习实践 001
　第一节　出土上架及葡萄树体结构观察 001
　第二节　萌芽期的除萌抹芽与新梢生长期的绑缚新梢 004
　第三节　开花坐果期管理 010
　第四节　浆果生长期摘心、果穗修剪及副梢处理 015
　第五节　浆果成熟期疏果、二次果处理及果实套袋 018
　第六节　落叶休眠期结果枝组更新及埋土防寒 022

第二章　葡萄园田管理实习实践 029
　第一节　葡萄园建立 029
　第二节　葡萄园小气候监测 033
　第三节　病虫害防治 037
　第四节　土壤管理 043
　第五节　水肥管理 048

第三章　葡萄酒酿造实习实践 052
　第一节　葡萄的成熟与采收 052
　第二节　红葡萄酒的酿造 058
　第三节　白葡萄酒的酿造 063
　第四节　起泡葡萄酒的酿造 066
　第五节　桃红葡萄酒的酿造 069
　第六节　白兰地的酿造 072
　第七节　酒精发酵的启动与监控 074
　第八节　苹果酸-乳酸发酵 078

第四章　葡萄酒后期管理实习实践 081
　第一节　装瓶 081
　第二节　贮藏 085
　第三节　酒窖管理 090
　第四节　侍酒 094
　第五节　葡萄酒的稳定与成熟 098

主要参考文献 102

第一章 葡萄栽培实习实践

第一节 出土上架及葡萄树体结构观察

一、知识概述

春天当土壤温度回升至引起葡萄根系开始活动时，树液流动，如果剪截或碰伤葡萄枝条，则自剪口或伤口处会溢出无色透明汁液，此谓葡萄伤流现象（也称溢泌），这段时间称为伤流期。

伤流期是葡萄年生长周期中一个重要的时期，标志着葡萄由休眠期向生长期转变。由于伤流液中除水之外还富含葡萄生长所必需的有机物、矿质营养、植物激素等物质，故在人们的常识认知中，伤流轻则减弱树势，影响葡萄产量和品质，重则造成芽眼干枯，甚至整株死亡，百害而无一利。

伤流是春季根系活动、树液流动的一种正常反应。伤流的开始时间及多少与土壤湿度有关，土壤湿度大，树体伤流多；土壤干燥，树体伤流少或不发生。伤流期一般为几天或半月不等。小树、弱树，土壤湿度小时则伤流量少，反之，大树、强壮树、土壤湿度大时伤流量较多。葡萄伤流液主要成分是水，营养物质中干物质含量较少，仅占0.1%~0.2%，因此，一般情况下少量对植株无明显影响，但伤流量大则不利于树体生长发育，可导致发芽时间推迟，偶见植株死亡。葡萄的木质部导管较粗，输导能力强，出现伤流是正常生理阶段，这也是葡萄与其他果树的不同之处。

二、基本原理

葡萄伤流液与生长期中的树液在成分上有所差异，它的有机物（糖、酸）含量较低，每千克伤流液中含还原糖3.5g、多糖0.35g、氮0.04g、钾0.36g、钙0.148g、磷酸0.013g，还含有微量生长素。虽然少量正常的伤流不会影响树体生长发育，但不可人为加大伤流，否则会给葡萄前期生长发育造成更大的危害，特别是临近伤流期人为造成的伤口，如修剪等。

一般葡萄伤流的开始时间和伤流量因葡萄种属、品种、土壤温度、湿度不同而异：山葡萄根系活动通常在地温4.5~5.2℃时开始活动；美洲种葡萄根系则在地温为5~5.5℃时开始活动；欧亚种葡萄稍晚一些，地温6~6.5℃以后根系才开始活动，由此可见，葡萄伤流开始的时间因葡萄品种不同而有差异。伤流量同土壤的含水量相关，土壤湿度越高伤流量就越大，反之则伤流量越小。伤流时间的长短则与地温和气温之间的"矛盾"有关，当气温上升快，出芽提前时，伤流期缩短，反之气温上升相对较慢，出芽推迟，进而伤流时间延长。当土壤温度骤然回降时，随着萌芽和幼叶的生长，伤流便停止。当根系受伤过重（如移栽苗），或土壤过于干燥时，伤流也会减少或完全停止。因此伤流液的多少可作为根系活动能力强弱的指标。

视频
伤流期

三、实习材料与仪器

（1）材料：葡萄树。
（2）仪器：铁锹、镐头、长铁丝、钳子、螺丝刀、扳手、拖拉机、犁等。

四、实习步骤

（一）准备工作

葡萄出土和上架之前要进行相应的准备工作，主要包括以下几个内容。

1. 清理枝条 上架前，清除上年留在架丝上的葡萄枝条，收集成堆置于空旷处，用于防霜，葡萄萌芽后，霜冻来临时点燃，或者粉碎后发酵为有机肥于出土后返施葡萄园。

2. 换杆、抬丝、紧丝 每年葡萄生产后，由于葡萄枝、叶、果实重力作用，丝开始变松，部分杆因各种原因折断，因此要进行换杆、抬丝、紧丝、拉丝工作。

1）换杆 先把园内斜杆扶正、折杆换掉，然后再进行其他操作，并使所换的杆与同行杆笔直成线，严禁高低不齐。

2）抬丝 把过低或过高的丝按标准升降，并和其他行保持一致。

3）紧丝 对于过松的丝，先将扎丝松开，然后将丝抬到位，最后将丝拉直扎紧，紧丝程度以用手在两柱中间按下，丝上下不超过 5～10cm 为标准。

3. 维修与清理滴灌管道、渠道和配套设施 对上一年损坏的渠道及毛渠，尽快加固维修，并清理毛渠，以保证灌水顺利进行。对滴灌系统的地下管道、阀门、开关、滴管等全面整理和维修，保证水管畅通无阻，并保证滴管滴水均匀、无断裂。组织人员进行拉电、装井工作，机井安装后要对每个井试抽 1h 以保证各眼井抽水正常。

（二）出土

春回大地，当气温稳定在10℃，土温在8℃以上，或山杏开花时节，葡萄的根系开始活动，地上枝干树液逐渐流动时，就可以使葡萄出土了。在除防寒土时一般可分一次或者两次来完成。第一次是在三月下旬土壤解冻后，在葡萄的芽眼开始膨大之前，这个时候进行首次出土。用机车挂单刮犁或者其他可以使用的设备除去在葡萄枝蔓上的大部分土，也就是我们经常说的"大土"。对于大土而言，不能一下子全都清理掉，而是先将葡萄两边的大土清理掉 2/3，留 1/3 的土仍然要覆盖在葡萄枝上，这是因为我国北方大部分地区天气变化比较大，尤其是早春的温度变化比较大，一般都是干旱多风的天气。因此，葡萄出土时期不能过早。

一般地区根据本年气候变化、地温回升、土壤类型，以及品种特性来具体决定葡萄的出土时间。出土准备工作做完后，就开始确定葡萄出土时间，当地气温达到 10～15℃ 时，葡萄根系开始活动后进行出土，需要注意的是，在出土前最好经常刨土检查芽眼萌发情况，若有 20% 左右的芽眼膨大即可出土。若出土过早，由于地温不高，根系尚未活动，树液还未流动，空气干燥导致枝条失水，葡萄也容易遭受晚霜的危害，这些都会造成葡萄萌芽不整齐。若出土过晚，因气温、地温升高，芽体在土层内发芽黄化，容易在葡萄出土和上架过程中损伤萌发的芽体，导致重新发芽，芽体质量变差。而且萌发后的芽体经太阳直接照射后容易造成灼伤而死。在宁夏贺兰山东麓产区，早春气温回升过程中温度起伏较大，还会发生倒春寒，因此葡萄出土时间不宜过早。宁夏贺兰山东麓产区的葡萄一般在4月中旬开始出土，在4月25日左右结束出土。对于面积较大的葡萄园可以提前在4月10日左右出土。沙地葡萄园较土壤葡萄园升温早，宜早出土，但也应及早灌水。对于有条件的葡萄园可通过灌溉降低地温来延缓出土葡萄的萌芽，以此来避免晚霜的危害。

葡萄出土的方式主要有两种，一种是刮土机出土，另一种是人工出土。①刮土机出土：在距离定植行30cm外使用出土犁或其他设备（双叶式刮土机）除去埋土层两侧2/3的土层，深度以原地表5cm为宜。刮土过程中注意不能损伤葡萄枝蔓及水泥杆等设施。②人工出土：在除大土后不久，气温上升之后，要人工除去机车未刮去的土。在除土时要注意：一是尽量避免碰伤枝蔓或芽眼；二是清土彻底，要求清到根茎的上一年表土层以下0.2~0.3m的位置，始终保持0.2~0.3m深的栽植沟；三是对往年清沟不彻底，无沟的葡萄园，出土时向下清土10cm，切断上浮的葡萄表层根系，深施有机肥，促使葡萄根系向下延伸；除土逐年进行，三年后形成0.2~0.3m深、底宽0.8~1.0m的浅沟，以后每年出土，清沟按规范化操作清土到位。

（三）上架

出土后1~2d即可进行绑蔓上架，上架时将主蔓顺埋压的方向倾斜，"厂"字形臂水平固定在第一道铁丝上，使臂在一道丝上首尾相连，一道丝以下的侧枝及当年萌发的新梢全部剪除。上架后，及时清理种植沟内未清除完的泥土，平整沟面，形成灌水沟，以利于浇水。要求沟底宽0.8~1.0m，沟深0.2~0.3m，如果实行沟灌，行内不平，坡度大的，每隔7~8m压一个翻水坝。生产上出土、上架也可同步进行，上架应在芽眼萌发前结束，否则损伤萌发的芽眼，影响产量和效益。

五、注意事项

为防止伤流发生，葡萄冬剪应在秋末冬初埋土前进行。发芽前不要修剪，并且发芽前后各项果园农事操作都要特别小心，避免使枝蔓受伤。若葡萄出现伤流现象，一定要及时采取措施进行治疗。将"愈伤防腐膜"直接涂抹于伤口处，能够及时封闭伤口，使伤口迅速形成一层坚韧软膜，紧贴木质。愈伤防腐膜被人们美称为"化学树皮"，是一种科技含量很高的油质软固体，涂抹后，在防止伤流的同时，还保证了剪锯口不会出现干裂，而且有效地阻止了病虫害通过侵入伤口对葡萄造成的危害。

1. 避免或减轻伤流的方法

（1）石灰涂抹防治法：该方法是将生石灰加水化开后再加适当水调成糊状，涂于剪口或伤口。但是如果石灰不能形成稳定的隔离层，则会导致效果不理想。

（2）漆抹法：用油漆对葡萄伤口进行涂抹，封严伤口防止伤流。由于油漆黏性不够，对伤流阻止的效果也十分有限。

（3）滴蜡法：当伤流已发生时，用点燃的蜡烛灼烧伤口处，然后斜拿蜡烛，使液蜡均匀地滴在伤口，反复2或3次，直至蜡液完全渗入葡萄枝蔓内，经过1~2h树液不再外流，从而达到止伤流的目的。

（4）使用伤口愈合剂：注意选择成膜性好的伤口愈合剂，能较好地封闭伤口，使伤流液无法流出。

2. 伤流期植株护理的注意事项

（1）清园。先搓除葡萄老枝干上的老翘皮，与园子的干草、杂草、树枝、叶片等一起清理出田园，埋入粪堆发酵后变成肥料或于地头深埋，注意不可在种植区焚烧。抹除水泥桩、树干上的虫卵，选晴天中午全园喷施一次3～5°Bé石硫合剂，一般成龄园每亩①喷400斤（1斤=500g）药液，达到枝干、架杆、铁丝、地面上药液"湿、透、流"的效果。提倡病虫害"治早、治小、治了"和"能防不治"，可减轻全年病虫害的防治压力。

（2）修埂。平整畦面，修整畦埂，疏通渠道，保持畅通。

（3）施芽前肥、灌芽前水。萌芽前30～10d施芽前肥，以速效性氮肥为主，每亩施尿素20～40kg或三元复合肥或磷酸二铵20～40kg。追肥以在距离树干0.5～0.6m处开10cm深沟，将化肥混合后施入，埋土。灌芽前水：施萌芽肥后及时灌透水1次。

（4）覆地膜、防风干。水后分墒即可旋地，树盘行两侧覆地膜，以黑色地膜或园艺防草布为宜，宽度60cm或80cm。防风干：树干涂白。

（5）甩条。枝蔓于萌芽前绑缚上架，埋土防寒区的葡萄出土后甩条7～10d。

（6）忌树干修剪、忌机械损伤。树盘不要堆土，田园要清洁，枯枝落叶杂草要清理出田园，并用药剂全园处理。枝蔓在伤流期变得柔软，可以上架、压条；在露地越冬地区必要时才可继续修剪，埋土防寒区可在出土后修剪。

（7）出土的要求。埋土防寒地区于当地杏树开花期可完全出土，此前应分1或2批次去除埋土层。出土时不要伤及芽眼及枝蔓，撤完土后要松绑，按顺序引蔓上架。上架时一定要均匀摆开，使主蔓倾向防寒方向，呈倾斜式绑缚。绑蔓时，要根据枝蔓生长势，让引缚角度有所区别，以达到平衡树势的目的。葡萄出土后根据水源情况及时施肥灌水。灌水前每亩施氮磷钾复合肥30kg、尿素20kg，施肥后及时灌水，以促进发芽整齐及萌芽后新梢的生长、增大叶面积、提高光合作用。注意灌水量不宜过大，采取沟灌，杜绝大水漫灌。

六、实习作业

（1）什么是葡萄的伤流？葡萄伤流期如何管理？
（2）葡萄修剪出现伤流的原因是什么？
（3）简述避免或减轻伤流的方法及其各自的优缺点。

第二节 萌芽期的除萌抹芽与新梢生长期的绑缚新梢

一、知识概述

视频 萌芽期、新梢生长期、开花期

（一）萌芽期

当春季气温达到10℃的时候，葡萄的冬芽开始膨大，紧接着鳞片开始裂开，露出绒毛，且在芽的顶端呈现出绿色，这一现象就称作萌芽，此期从萌芽至开花始期，35～55d。萌芽

---

① 1亩=666.7m²

期的主要特征是出现叶尖（幼芽冲破表皮）。葡萄的萌芽期虽然持续时间短却很重要，因此这个时候葡萄园管理者会利用各种办法来保护嫩芽。

在同一个枝条上，着生在其最顶端的嫩芽最先开始萌发，由于顶端优势的作用，会对其下部嫩芽的萌发产生一定的抑制作用，以此来减缓它们的生长进程。除此之外，并不是所有的冬芽都能够萌发，处于葡萄枝条基部和中部的芽大多数是不能萌发的，这是因为它们极其容易受到冻害、生长极性及病虫害等的影响。相反的是，一些生长在老蔓上的芽容易萌发，但是这些芽的生长难为生产所用，所以大多数利用价值不大，而且还会吸收葡萄藤中的养分，使养分不能供给到需要它的地方去。因此在葡萄的萌芽期，应该把这部分没有利用价值的芽剔除掉，保证养分的正常供给和利用，这就是除萌和抹芽的作用。

影响葡萄萌芽的最主要的外界因素就是温度，酿酒葡萄萌芽期最适宜的日平均气温为10～12℃，当日平均气温升高到10℃时，欧洲葡萄冬芽开始萌发，植株就进入萌芽期。葡萄在萌芽期中实际上存在两个生长极限温度，即实际生长极限温度和可见生长极限温度。实际生长极限温度通常为4～5℃，是细胞开始活动的温度；可见生长极限温度通常为10℃左右（8～12℃，根据品种和地区而有差别），又叫生物学零度，是可观察到生长开始的日均温。除此之外，植株的生长势对葡萄萌芽影响极大，如上一年叶遭受病虫害、结果过多、采收过晚等都会导致萌芽推迟。冬季受冻，也会导致萌芽推迟，且不一致。

（二）新梢生长期

新梢生长期是指新梢上各器官（花序、卷须、节间和叶片）的出现和发育生长。葡萄新梢生长是单轴生长与假轴（合轴）生长交替进行。新梢生长初期由顶芽抽生枝条，即顶芽向上伸长，成为单轴生长。随着节点数加长，形成层不断分裂，促进茎的加粗，当新梢长到3～6节时，顶端侧芽生长点抽出新梢，将顶芽挤向一边，并代替顶芽向前延伸，此时顶芽就成为卷须（或花序），这种生长称为假轴生长。由于单轴和假轴交替进行生长，因而新梢上的卷须就呈现有规律的分布。

新梢的生长对葡萄结果具有两面性。新梢必须有良好的生长以形成足够的叶片，但新梢的生长要消耗养分，特别是葡萄生长后期的新梢生长，因此控制新梢生长，将养分集中于生殖生长，是十分必要的。传统的方法对新梢反复摘心，使新梢80%以上达到茎粗0.7～1.0cm，可显著促进新梢成熟、花芽分化、提高抗寒能力。如有80%的新梢茎粗在0.5cm以下，说明已经发生徒长。但有时传统方法可能导致叶片不多，叶果比偏小。

葡萄在萌芽、展叶，直到开花期间，基本消耗前一年葡萄枝蔓中贮藏的营养。开花后，葡萄的生长才逐步过渡到依靠新叶片进行光合作用和制造营养为主。进入开花期前后，由于器官之间出现对营养物质的争夺，新梢生长开始有所减缓。新梢生长期开始的早晚因葡萄品种的不同而有差别。

二、基本原理

在生长初期，新梢、花序和根系的生长主要依靠植株体内贮藏的有机营养，在叶片充分长成之后，才能逐渐依靠当年的光合作用产物。这个时期如果营养不足或遇干旱，就会严重影响当年产量、质量和下一年的生产。新梢开始生长较慢，以后随着温度升高而加快，至高峰时每昼夜生长量可达 4~6cm 或更多。

而新梢指带叶片的当年生枝，在生长期内新梢一直保持绿色，至秋季组织成熟，枝条木质化和木栓化而逐渐变为褐色。在新梢中，大多数是由一年生枝的冬芽或新梢的夏芽发出的，但也有从多年生部位的隐芽发出的，即徒长枝，徒长枝一般不会当年结果。带有花序的新梢称结果枝，不带花序的新梢称发育枝（或营养枝）。新梢由节、节间、叶、卷须、花序和芽组成。在膨大的节部的一侧着生叶，另一侧光秃或着生卷须或花序。叶腋中有冬芽和夏芽，夏芽当年萌发，把当年新梢上夏芽萌发的枝条称副梢。此外，由副梢还可抽生多级副梢。

除夏芽外，叶腋中还有一个冬芽，在一般情况下当年不萌发，而在下一年抽生新梢。在新梢基部第 3~5 节处开始着生卷须或花序。主梢或副梢的区别是，副梢发育较晚，在副梢上也可以形成果穗，但果穗发育不完全，被称为"二次果"或"三次果"，其叶序与其主梢的叶序呈垂直方向着生。主梢和副梢的顶端有顶芽，顶芽的新梢生长停止时干枯脱落。

新梢生长的强弱取决于树体养分的贮藏量，养分贮藏充足，则新梢生长势强；土壤贫瘠，树体贮藏养分不足，则新梢生长势弱。一般在第一次新梢生长高峰减弱时，正值开花前夕，应施适量复合性肥料，促进生殖生长，以缓和生殖生长与营养生长矛盾。在浆果采收后，根系第二次生长高峰来临之前，应及时施用适量氮肥，同时采取保叶措施，以利于新梢的健壮发育。进入冬季应增施基肥，为第二年新梢生长、花芽分化奠定物质基础。在新梢生长期，影响其生长的因素主要包括气候因素、植株状况和栽培技术等。

三、实习材料与仪器

（1）材料：葡萄树。
（2）仪器：弹簧剪、铁丝等。

四、实习步骤

（一）除萌抹芽

所谓抹芽就是将萌动的幼芽抹去，但抹芽也是有一定的要求的，并不是将萌发的芽全部抹去，而是抹去无价值或不利于生长或生命力弱的芽。抹芽一般需进行 1 或 2 次。抹芽时间多在芽体膨大到 1cm 左右以后至展叶之前进行，在芽萌动后的 10~15d。首先应抹除明显的无用芽，如主蔓基部、主干和多年生老蔓上无用的萌芽。彻底清除主蔓以下至根茎处产生的所有新梢和萌蘖，在整个生育期内抹芽 4 或 5 遍，保证底部通风透光。对于准备进行主蔓更新的植株，留下位置和方向好的萌芽，以作来年更新用。对结果母枝上的芽，按抹去弱芽（枝）、双芽（枝）、密集芽（枝），保留壮芽的原则进行，抹除双芽或三芽中较弱小的芽，只保留一个壮芽；抹除结果母枝之间萌发的不定芽（图 1-1）。一般第一次抹芽后，要保留 30% 左右的芽，以防风折、人为碰撞等。要求是：留稀不留密（结果母枝稀

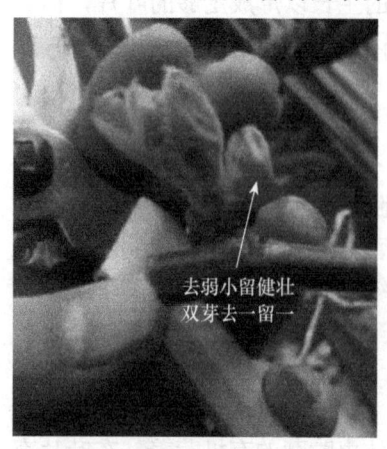

图 1-1 抹芽
红色箭头代表较弱小的芽，去掉弱芽留下健壮的花芽，两个花芽留一个

彩图

的部位多留芽，密的部位少留芽）；留强不留弱（留健壮芽、饱满芽，去掉弱芽）；留正不留斜（水平主蔓一般要留垂直向上的芽）。

（1）在能分辨出果穗的有无时，及时抹去较弱和多余的副芽，不保留已经萌发的隐芽和过密芽，这样可以节约养分，使保留下来的芽能有更充足的养分，供应其生长，从而保证新梢的生长。特别注意，抹芽要根据葡萄树的品种、长势、树龄及架面结构等因素灵活掌握。

（2）对于二年生幼树抹芽的基本原则是，一般情况下采取"留强不留弱，留上不留下"的原则，通俗地说就是留下强壮的芽，抹去瘦弱的芽；留下葡萄藤上面的芽，抹去葡萄藤下面的芽。

（二）绑缚新梢

当新梢生长到15~20cm，能分辨出有无花序时，要对新梢进行选择性去留。定梢要求保留相应数量的生长健壮、花序发育良好的结果枝，疏除无果发育枝、弱枝和潜伏芽发出的徒长枝，防止叶片过密生长挡住葡萄浆果，后期影响葡萄浆果所受的日照时长，进而影响浆果内的物质积累，影响酿造葡萄酒原料的质量。

在新梢生长过程中，为了补充冬季修剪，保证葡萄植株营养生长和生殖生长的平衡，我们需要进行抹芽、定枝、摘心、截顶、副梢处理、果穗修剪等一系列工作。抹芽就是在芽已经萌发但还未长出叶片时，根据一些实际情况对不利于后期生长的芽进行去除的工作。定枝是指新梢已经长到一定的长度，根据有无花序来对新梢进行剔除。当葡萄枝条的长度超出了葡萄架预定的高度，还要对枝条进行摘心和截顶处理，摘心和截顶的目的是提高葡萄植株的坐果率，提高产量，有利于养分的运输和利用，这一工作根据葡萄植株的生长状况进行即可。在经过了摘心和截顶处理后，副梢的生长就会加剧（在这之前，我们也需要对副梢进行处理，以保证新梢的正常生长），在处理副梢的同时，也应对腋芽进行及时处理，这同时也保证了植株的通风性和透光性。

夏剪时要及时把卷须剪除（图1-2），在剪除卷须的同时，当新梢长到40cm左右时，要将一些下垂枝、过密枝疏散开，绑到架面的铁丝上，以改善光照和通风条件，提高品质，保证各项作业（夏剪、施肥等）的顺利进行。

绑缚（图1-3）最好采用双线法（双铁丝），目前常用的是固定双线法和非固定双线法。

图1-2　除卷须　　　　　　　图1-3　绑缚

(1) 固定双线法：第二道铁丝使用双线，支柱的两端各安 1 根，固定在支柱上，新枝的顶端在 2 根铁丝之间。

(2) 非固定双线法：与固定双线法相似，但只是在每行两端的支柱上固定，中间只是放在支柱的铁钩上，可升可降。在萌芽前降下双线，然后随着新梢的生长逐渐上升双线，此种方式可实现机械化绑蔓。但在升双线时，应避免折断新梢。

不管是固定双线法，还是非固定双线法，在 2 个支柱之间，双线的 2 根铁丝应用铁钩合拢。新梢由于其卷须的生长而自然地固定在两根铁丝之间。在任何情况下，都不能将枝蔓成堆地固定在同一铁丝上，因为这样有利于病、虫害的发生。

五、注意事项

贺兰山东麓产区和其他产区的气候有所不同，"倒春寒"尤为常见。山葡萄萌芽生物学温度虽然较低，但当地萌芽期比部分地区早 1 个月左右，加上贺东地区早春气温变化剧烈，空气干燥，幼龄果树极易抽条。因此此区露地越冬和浅埋土越冬栽种的山葡萄每年都会遭受 1 或 2 次晚霜冻，将已萌发的新梢冻干，晚霜冻害是此区山葡萄品种难以逾越的障碍。

室内霜冻模拟试验结果显示：不同发育期酿酒葡萄植株枝条不同部位的受冻程度不同，这说明其抗冻能力也不相同，其中，未开放芽的抗冻能力相对较强，开放芽次之，新梢的抗冻能力最弱；根部的芽或新梢的抗冻能力均较强，而生长于枝条梢部的芽或新梢的抗冻能力相对较弱。酿酒葡萄萌芽后，如果遇到 $-3℃$ 以下的低温，容易造成萌动的芽受冻，甚至造成幼芽脱落，从而影响产量。因此，萌芽期应加强气温监测，主动防御，尽量降低霜冻危害。一般萌芽期可采取以下方式防御霜冻。

(1) 灌水法。密切关注天气预报，在霜冻来临前的 1~2d 进行全园灌水，提高地温。

(2) 喷水法。这一方法可用于轻霜冻防御，当霜冻来临的当天傍晚对葡萄枝叶大量喷水，从而提高树温。

(3) 熏烟法。主要用于辐射型轻霜冻防御，降霜前在葡萄园均匀堆置 10 堆左右的碎草，于霜冻发生当天的凌晨 2:00~4:00 点燃草堆生烟，以保持园内近地面气温。

葡萄芽在萌发的过程中，诸多因素会影响芽的正常萌发，主要有自身因素和外界因素两种。

(1) 自身因素。

a. 春芽萌发前在枝条上着生的位置的影响。在枝条顶端的最先萌发，紧接着枝条下部开始萌发，最后是生长在老蔓上的芽开始萌发。

b. 生长势的影响。生长势旺盛的葡萄藤比生长势弱的葡萄藤更晚一些萌发。

c. 品种的影响。不同的品种萌芽期也有所不同，具体以葡萄的品系为准。

(2) 外界因素。外界因素包含两个部分，分别是人为因素和自然因素。

a. 人为因素主要是葡萄栽培措施的影响，如可以通过延迟修剪来推迟萌芽，通过修剪和绑缚来破坏营养的极性运输，也可以通过地块高度的选择来影响芽周围的气温等。

b. 自然因素包括以下几种。①适宜的温度将促进芽萌发，温度过低则会抑制芽萌发；②病虫害的影响也会阻碍芽萌发等。

如果葡萄已经发生了冻害，则应当采取以下补救措施。

(1) 及时进行树体修整：在萌芽后，及时去除死亡部位，用 3~5°Bé 的石硫合剂涂抹

锯剪口。如树体全部死亡，可以去除整个树体，重新培养树形。也可以采用坐地嫁接，改良葡萄品种。

（2）加强肥水管理：春季早灌水和早期追施氮肥，以促进受冻树体尽快恢复。

（3）及时防治病虫害：葡萄受冻后，直接导致树体衰弱，诱发各种病害，及时进行病虫害的预防至关重要。在葡萄整个生长季节，应密切关注葡萄病虫害的发生，及时进行预防和防治。

（4）合理负载：在综合本区域葡萄生产的基础上，制订一个合理的葡萄负载量标准，一般欧亚种负载量1750kg/亩左右较为适宜，欧美杂种的适宜负载量控制在2000kg/亩为宜。对于受冻的葡萄园，通过疏除部分结果枝或掐去果穗减少结果量。对过多的新梢、芽要及时疏除，增加营养物质积累，促进葡萄树体恢复，增强树势。

（5）葡萄园综合管理措施：在葡萄萌发前，注意葡萄架式的整理，如紧铁丝、立柱的扶正或更换，为葡萄萌发后上架做准备。刮除翘皮、癌瘤，剪除病部，及时喷布石硫合剂，杀灭越冬病虫害病源，及时中耕，去除杂草等。

酿酒葡萄萌芽后，随气温升高，葡萄植株进入新梢生长期。此时只要遇到－1℃的低温，葡萄植株的嫩梢和幼叶就很容易受冻，这时同样可采取灌水法、喷水法和熏烟法来防御霜冻。酿酒葡萄在新梢生长期如遭受了霜冻，可采取以下措施减轻霜冻危害。

（1）加强肥水管理。霜冻过后，立即追肥，追施尿素375kg/hm^2，追肥后3~5d灌水（或追施碳酸氢铵750kg/hm^2，追肥后立即灌水），以促进新芽萌发整齐健壮。

（2）正确处理受冻新梢。遭受霜冻后枯死的新梢，须在枯死新梢着生处连同母枝一起剪除。只有部分嫩叶受冻枯死而新梢完好的不需要剪除新梢，但须在副梢萌发后，每个副梢留2或3片叶做绝后处理，以补足功能叶。同时，在酿酒葡萄的新梢生长期，若气温高于35℃，新梢生长就会停滞，但在宁夏产区该时段气温不会达到新梢生长的气温上限。另外，如在新梢生长期内降水量较少，就必须关注酿酒葡萄田内土壤湿度，及时灌溉补水。

（3）新梢的成熟度直接影响着新梢的抗寒性（对低温的忍耐力）、下一年春天的发芽率，以及扦插和嫁接的成活率。新梢的成熟度越好，其抗寒性越强。因为发芽主要靠着枝条和树体内所积累的养分，所以枝条成熟度越好的新梢，它自身积累的营养物质就越多，发芽率就越高；又因为插条生根，嫁接处愈伤组织的形成及发芽后新梢的前期生长都靠枝条中的营养，所以枝条成熟度越好，扦插和嫁接的成活率就越高。

（4）在新梢成熟的这一时期中，所有引起早期落叶的因素都会影响枝条的成熟，因此，应继续防治霜冻及病害，保护好叶片，使其能正常生理落叶。

六、实习作业

（1）萌芽期的两个生长极限温度及特性是什么？
（2）新梢生长所需的适宜温度、降水条件是什么？
（3）新梢的生长规律及影响新梢生长的因素有哪些？
（4）若葡萄在新梢生长期遭受了霜冻，可采取哪些措施减少霜冻危害？
（5）绘制一幅新梢结构图。

第三节　开花坐果期管理

一、知识概述

葡萄从始花期到终花期这一段时期称为开花期，一般持续 1~2 周，花期要求温度在 15℃以上，以 20~25℃最适宜。盛花后 2~3d 及 8~15d，有 2 次落花、落果高峰，在葡萄生长发育过程中这一段时间非常短，大多数品种在 10~20d。虽然时间很短，但是对于葡萄生产来说却是关键时期，如果这一时期能够顺利度过，使葡萄能够稳定结实，从一定程度上可以说当年的生产已经完成了 80%左右。

在春天来临之际伴随着新梢的生长，其上的花序继续发育，花序的各级穗轴分支伸长加粗，花序上的花原基也随之发育，花序轴也经历一个由慢到快的过程，直至到花前达到最高峰。花序轴的生长是由基部逐渐向顶部进行，因此花穗梗的生长是先停止的，然后，第一分支和第二分支间的穗轴也开始加强生长。由此类推，我们便可知道越靠近花序基部的各级花穗轴发育越好，而穗尖的生长较弱。在花序的众多末级分支先端着生的花原基随花序发育，迅速依次分化形成花萼、花冠、雄蕊和雌蕊（带蜜腺）。当萌芽后花序在新梢上明显露出时，花器的各部分已经形成，以后随着花序的生长，花器继续发育，主要形成花粉（小孢子发生）和胆囊（大孢子发生）。花芽分化存在两个关键期，一是形态分化前的生理分化期，是决定花芽能否形成的关键；二是花芽的进一步发育期，是决定花芽质量的关键。在葡萄花芽分化过程中依然存在多重不确定因素会为之带来一定的影响。

葡萄生长过程中要创造一些良好的栽培措施，如主梢摘心、控制夏芽副梢生长等，来促进冬花芽分化的进程，使其在短期内形成花穗原基。故生产上也可利用促使主梢冬花芽或副梢冬花芽当年萌发开花，实现 2 次或 3 次结果。

葡萄在自然生长状态下，夏芽萌发的副梢一般不形成花穗结果，如对主梢进行摘心，则能促进夏花芽的分化。据报道，'玫瑰香'在自然状态下，主梢花序上第四节的夏芽内只有卷须原基，而未发现花芽原基；主梢经摘心后第二天，于生长点的圆柱体上，开始出现花芽第二个分支，第四天出现第三、四个分支。由于分化形成的时间短，故副梢花穗较小。因此，花穗发育的大小还与夏芽萌发前的孕育时间的长短有关。夏花芽的分化、结实力还因品种而异。'巨峰'一般约有 15%的夏芽副梢有花穗，'白香蕉'在 20%以上，'龙眼'仅 3%左右。

研究表明，'巨峰'葡萄冬芽花芽分化时间长，在当年只能分化花序各级分枝，第二年春展叶后 1 周形成萼片，第二周形成花瓣，第三周至第四周内才出现雄蕊和雌蕊。因此，树体内贮藏养分积累的多少，对早春花芽的继续分化至关重要。冬芽中的预备芽形成时间一般比主芽晚 15d，而花序分化时间较主芽形成所需时间更长。

葡萄夏芽抽生的副梢，在自然条件下一般不易形成花序，如通过主梢摘心，改善营养条件，也能促使其转变为花序，成为结果枝。夏芽具有早熟性，表现在芽眼很快萌发，在芽形成 10d 内就可达到花序分化，花序一般较冬芽小。

葡萄的花芽分化（图 1-4）可分为生理分化和形态分化两个阶段。待芽的生长点分裂为 4 或 5 个叶原基时，生长点转位即进入形态分化期。'玫瑰香'品种在豫东地区，花芽的生理分化期为4月上旬至5月上旬;形态分化期在终花后2周第一花序原始体形成,10~20d即出现第二花序原始体,以后花序继续进行形态分化,直到花序形态分化完整为止。

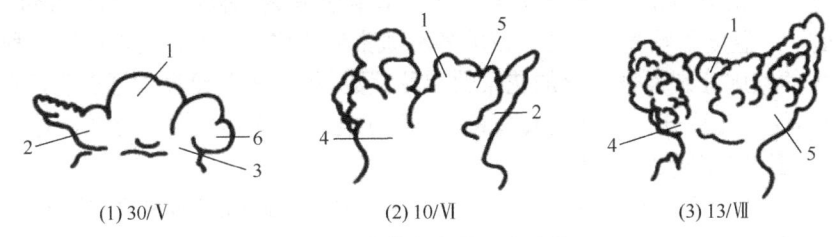

图1-4 葡萄冬花芽形态分化

(1) 30/Ⅴ:主芽原基处于分化的前期; (2) 10/Ⅵ:进入分化后期第一个分化原基已形成各分枝; (3) 13/Ⅶ:两个花序原基已充分形成。1. 生长点; 2. 叶原基; 3. 前体; 4. 第一个花序原基; 5. 第二个花序原基; 6. 第一分支

决定花芽良好分化的前提是营养状况和外界条件(光照、温度、雨量)的充分满足。营养积累差,外界条件不适宜,如雨量大、气温低,均不利于花芽分化。花芽形成的最适温度为20~30℃,而且新梢生长强壮、叶面积大,冬芽花芽分化的强度和质量也高。

二、基本原理

(一)冬芽和夏芽的分化

通常以葡萄冬芽的结实性作为花芽分化的表现,花芽分化是外界条件与植株内部因素共同作用的结果。花芽分化包括花序的分化和花的分化,当新梢上出现冬芽时,就相应地生出花序原基,花序原基进一步分支分化形成花序。在花序的小枝上,进一步形成多个花序原基而开花,有多少花序原基,就会形成多少个花序,每个花序上会生出一簇花朵。花的分化其实在冬芽休眠以后就已经出现,因此,葡萄冬芽的结实性通常以花序数或花朵数来表示。

花芽分化的原理是,花序的分化在前一年的生长周期中,新梢上冬芽的形成是自下而上逐渐进行的。在冬芽的形成中首先出现3~5个叶原基,紧接着是花序和与花序对生的叶原基。当冬芽开始进入休眠时,花芽分化就停止了,一直等到萌芽的前几天便又继续进行。一般在接近萌芽时期才会进行花芽分化,这是一个全新的分化过程,此时也会陆续出现花瓣、花萼、雄蕊、雌蕊,一直持续到花前几天才能发育完全。

花芽分化的时期,叶片还没有完全长大,尚不能制造营养,因此花芽发育所需的营养只能依靠前一年贮藏在多年生枝蔓和粗根中的营养来提供。据相关研究表明,树体内贮藏的80%的养分都被输送到花序和新梢基部的叶片,大致在开花后,前一年的贮藏养分才全部消耗完,这才过渡到依靠当年叶片进行光合作用来制造营养。葡萄花芽分化的现象在龙干式树形的芽中表现特别明显,龙干式树形指的是一个葡萄植株只留一个主蔓,结果母枝呈龙爪状均匀分布于主蔓两侧。这种树形的结果母枝采用2或3芽的短梢修剪,由于芽的异质性,使得结果母枝基部2或3芽内的花芽在前一年内分化和形成比较差,如果此时葡萄树体中贮藏的养分充足,花就可以迅速生长发育形成大量的花蕾,进行正常的开花结果;反之,如果营养条件不良,本来发育就不完全的花序原始体只能发育成带有卷须的小花序,甚至会使已经形成的花序原始体在芽内萎缩退化,从而影响当年葡萄的产量。

（二）影响花芽分化的外部因素

1）光照　充足的光照有利于光合作用，有利于积累光合产物，从而促进花芽分化。

2）温度　温度影响光合作用，影响各种激素的合成。例如，生长素的有利于花芽分化，根系产生的细胞分裂素也可增加花朵数和花芽数。根据相关研究数据表明，葡萄在25~35℃时最容易促进花芽分化，过低或过高都不利于花芽分化，若温度过低，花序的花朵数会明显增加，但是花序数将会减少。

3）水分　水分影响着细胞内一系列生理生化作用，影响到细胞液的浓度。水分过度，细胞液浓度降低，不利于花芽分化。

4）通气　通气状况直接影响光合作用和呼吸作用，进而影响花芽分化。通气状况好，有利于花芽分化。

葡萄花粉受精后，子房膨大，发育成幼果，称为坐果，盛花后23d开始生理落果，生理落果高峰多在盛花后期的4~8d。生理落果的轻重取决于品种的特性、花期气候条件及栽培技术状况。如遇低温、雨露、旱、风均会加剧生理落果，降低坐果率。氮肥过多，枝条徒长也会加剧生理落果。土壤水分过多，通气不良，营养状况恶化，也会导致严重生理落果。

（三）芽的异质性

葡萄芽的异质性是指由于品种、枝蔓强弱、芽在枝蔓上所处的位置和芽分化早晚等的不同，造成结果母枝上各节位不同芽之间质量的差异。一般主梢枝条基部1~2节的芽质量差，中、上部芽的质量好。例如，生长势较旺的'巨峰'品种，中部5~10节的芽眼发育完全，大多为优质的花芽，下部或上部的芽眼质量较差。距中部向上或向下的芽眼，越远则质量越差。'巨峰'幼树一年生枝蔓往往要在10节以上才能形成花芽，生长势中庸的'玫瑰香'品种，花芽分化最佳节位在4~9节范围内。因此在栽培上应根据不同品种、不同树龄优质芽着生的位置确定剪取枝条的长度。

副梢枝上的冬芽以基部第一个花芽质量最好，越往上质量越差，这一点与主梢枝不同，因此，为利用副梢结果，在冬季修剪时，应对其做短梢或中梢修剪，这对早期丰产有着重要意义。

（四）花的构造

葡萄的花很小，完全花由花梗、花托、花萼、蜜腺、雄蕊等组成。

葡萄的花冠呈绿色、帽状，上部合生，下部分裂成五花瓣；雌蕊有一个2心室的上位子房，每室各有2个胚珠，子房下有5个蜜腺；雄蕊由花药和花丝组成，雄蕊环列于子房四周（图1-5）。

葡萄的开花就是花冠脱离。开花初期，花冠基部开裂，逐个从萼片向外翻卷，通过雄蕊生长产生向上顶的压力，把花冠顶落。成熟良好的花，在日照良好、空气干燥、气温适宜（20~25℃）时，每朵花开放过程仅3h左右；而营养条件差的花，在低温、高湿情况下，花冠脱落过程推迟，整个授粉受精过程也相应延长。

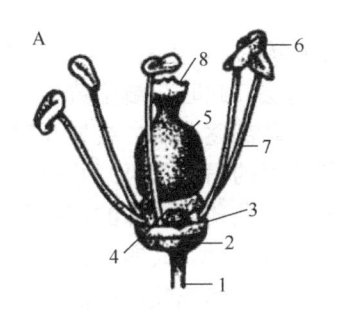

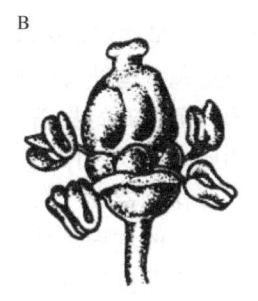

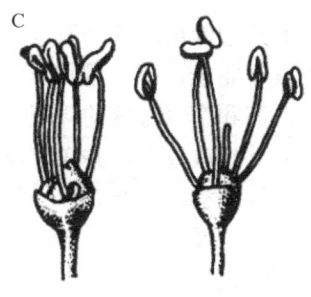

图 1-5　葡萄花形与构造
A. 完全花；1. 花梗；2. 花托；3. 花萼；4. 蜜腺；5. 子房；6. 花药；7. 花丝；8. 柱头。B. 雌能花。C. 雄花

（五）开花

1. 花粉母细胞减数分裂　　了解葡萄花粉母细胞减数分裂，对于葡萄遗传理论研究和有性杂交育种均有一定的指导意义，也为辐射育种、多倍体育种、花药培育确定最佳处理时期提供了细胞学依据。

葡萄花粉母细胞减数分裂的全过程可分为前期Ⅰ、Ⅱ，中期Ⅰ、Ⅱ，后期Ⅰ、Ⅱ，末期Ⅰ、Ⅱ，共8个时期。一个花粉母细胞经过减数分裂后产生4个小孢子，每个小孢子染色体为母细胞的一半。研究表明，不同品种开花期虽然不一致，但减数分裂初期距盛花期的天数却大致相同。

花粉母细胞减数分裂初期，若遇大风、低温、阴雨，分裂进程会明显减慢，甚至很难找到正在分裂的母细胞；一旦天气好转，分裂细胞即迅速增多，一旦进入分裂末期，受天气影响较小。

葡萄花粉母细胞减数分裂的具体时间或减数分裂距盛花期的天数，均会因各地每年的气候不同而发生变化，故减数分裂距盛花期的天数只能供取样时参考。根据湖南农学院（现湖南农业大学）的研究，比较可靠的指标是有关器官形态发育的变化与花粉母细胞减数分裂的进程存在着极显著的相关性。因此，从展叶数、新梢生长量、花穗长、花蕾大小等形态发育变化，可以探明减数分裂的进程，为研究和预测花粉母细胞的变化提供可靠的依据。

葡萄花粉母细胞在减数分裂过程中，不可能在同一水平进行，始期分裂相对较少，一旦出现减数分裂后，经过6～8d，即进入分裂盛期，表现出较多的分裂相。分裂盛期持续的时间一般为2～3d。据观察，葡萄花粉母细胞减数分裂的昼夜活动是：从6～23h能连续进行，其中以10h、16h、22～23h分裂相较多。

2. 花粉的发育　　葡萄花粉母细胞经过减数分裂而形成四分体，产生花粉粒，开始时花粉囊纵裂，散出花粉。花粉发芽最适宜温度为26～28℃，花粉在10%～15%的蔗糖液中和28℃的条件下，16～18h后能很好萌发。有研究指出，不同倍性的葡萄品种花粉粒在大小、形态及发芽率方面有明显的差异。四倍体品种'巨峰'和'吉香'的花粉粒比二倍体'白香蕉'的大、畸形得多，因而发芽慢、授粉受精不良。

（六）授粉

葡萄的花是由花萼、花冠、雄蕊、蜜腺和花梗5部分组成，葡萄在没有开花前统称为花蕾，此时花蕾的明显特征是形状较小、颜色呈绿色。葡萄的花萼片是紧靠在花梗的上部，

而且花萼片边缘出现 5 个波浪状锯齿。花冠呈帽状，紧罩在花萼之上，包裹着雄蕊和雌蕊。当花器发育完全，雌、雄蕊形成后，花冠基部与花萼间形成离层，此时花瓣呈黄绿色。由于温度升高和空气湿度的降低，花瓣的外侧便开始收缩，花瓣基部逐渐从离层处开裂分别向上、向外形成卷曲，并在花丝向上和向外伸长的作用下使葡萄的帽状花冠开始脱落，我们将这一过程称之为开花。一般葡萄的开花期持续 10~15d，因此葡萄植株的花朵并不是同时开放的。授粉过程，即花粉落在柱头上的过程，是通过几种途径完成的。大多数栽培品种的两性花为自花授粉，一朵花的柱头主要接受本花的花粉（在闭花裂药的情况下更是如此）；也可以接受本品种来自其他花朵（同一花序、同一植株或不同植株）的花粉。雌能花品种则需要异花授粉，定植时需要配置授粉品种。葡萄的花粉主要以风媒传播。葡萄的花萼不发达，花冠也较小且呈绿色，开花时就脱落，雌蕊也无颜色，且没有花蜜，这完全符合风媒传播的特征。虫媒传播在葡萄授粉活动中也起到一定的作用，虽然葡萄花不能分泌花蜜，但含有特殊的芳香物质挥发油。

三、实习材料、试剂与仪器

（1）材料、试剂：葡萄树；高锰酸钾溶液、氯化钙溶液等。
（2）仪器：弹簧剪、铁丝、小刀等。

四、实习步骤

由于葡萄的花芽分化与萌芽、新梢生长、开花坐果、浆果发育交叉重叠进行，因此，从萌芽至开花前后及浆果膨大期，需要供应充足的营养物质，同时也要进行夏季修剪（抹芽、疏枝、摘心、疏花、疏果及处理副梢），通过开源节流的措施来促进花芽分化。如营养条件不充足，有的花芽甚至退化为卷须，有的则产生不完整的花穗原基，开花后造成落花、落果或无核小粒果，或卷须与花穗的中间产物；当营养充分时，卷须可能转化为花序，开花后果穗及果粒能正常发育。

（一）花期夏剪

开花坐果期时，在前期除萌的基础上抹掉过密的嫩枝、弱枝、潜伏芽发育形成的徒长枝，清除已经干枯的无用枝以达到节省养分，控制营养生长，保留的新梢长势整齐，以集中营养供应果实；对于某些长势旺盛但坐果不易的品种需及时抑制新梢过旺生长，坐果后再疏除部分过密的枝条以提高坐果率。

（二）定量留果提质增效

'赤霞珠' '梅鹿辄' 按亩产 1000kg 留果，'贵人香' '白玉霓' 按亩产 1500kg 留果，疏掉位置不当果、弱小果、小穗果及烂果，保持架面合理负载，通风透光。夏剪时为提高坐果率一定要及时把卷须剪除（图1-2）。

（三）疏蔓

在剪除卷须的同时，当新梢长到 40cm 左右时，要将一些下垂枝、过密枝疏散开或绑到架面的铁丝上，以改善光照和通风条件，提高品质，保证各项作业（夏剪、施肥等）的顺利进行。

五、注意事项

（1）若对葡萄主蔓伤害过多、过重，不仅易造成主蔓腐烂，还会影响其生长势和坐果率。因此，修剪时主蔓伤口间不宜过于密接，应避免造成伤口。为避免主蔓上的伤口感染病菌，应在修剪后涂抹 3%高锰酸钾溶液或 1%氯化钙溶液进行消毒保护。

（2）主蔓、侧蔓不断延长生长会使得树体长势逐渐衰弱，或由于生长过旺，超过架顶或受病虫伤害不能继续使用时，必须回缩更新，否则会影响产量和生长。

（3）生长势弱的多年生蔓，若还有结果能力，当基部又无萌蘖代替，可对老蔓母枝采取短截、竖蔓直绑的方法，帮助弱蔓转强，平衡树势。对多年生老蔓，若无结果能力，应彻底去掉。

六、实习作业

（1）简述葡萄花芽分化的特点及影响花芽分化的因素。
（2）简述影响开花和授粉的主要因素。
（3）葡萄开花坐果期的具体管理技术是什么？
（4）简述葡萄开花坐果的规律及机制。

第四节　浆果生长期摘心、果穗修剪及副梢处理

一、知识概述

葡萄浆果从受精坐果后开始生长，直到成熟状态或在延迟采收条件下的过熟状态，伴随着体积增大的同时，发生形态（颜色、硬度、形状等）变化和化学成分（糖、酸、多酚类物质等）变化。浆果的整个生长发育过程可分为以下三个阶段。

1）绿果期　　坐果以后，幼果迅速生长、膨大，并保持绿色，质地硬，具有叶绿素，能进行同化作用，制造养分。在这一时期，浆果表现为生长的绿色组织。

2）成熟期　　在此时期中，浆果颜色改变，果实体积进一步膨大，并逐渐达到其品种特有的颜色和光泽。在成熟期中，浆果器官行为表现为转换器官，特别是贮藏器官。成熟期始于转色，至浆果成熟时结束。转色期是葡萄浆果着色时期，这一时期浆果果皮的叶绿素大量分解，白色品种浆果色泽变浅，开始丧失绿色，微透明；有色品种果皮开始积累花青素，由绿色逐渐变为红色或蓝色。

视频　浆果生长期、果实转色期和成熟期

3）过熟期　　在果实达到成熟以后，果实中的相对含糖量由于水分蒸发而增高（含糖总量不变，但果汁变浓），果实进入过熟期。过熟作用可以提高果汁中糖的浓度，这对于酿制高酒精度的葡萄酒是必须的。

在种植葡萄的过程中，浆果生长期的管理工作应格外重视，在此时期，浆果会快速膨大，如果管理不善不仅影响果实的质量，还会导致整体产量下降。通常早熟品种的葡萄浆果生长期会持续 30~45d，中熟品种会持续接近 2 个月，而晚熟品种则最少要持续 70d。葡萄在开花后，通常受精花芽的子房会膨大，未受精的花芽开始脱落。通常经过一个月的生

长期后，幼果会长至成熟果粒大小的 2/3，果实的生长速度从此会变得非常缓慢，种子的硬度发生变化，紧接着进入硬核期。在整个硬核期，果实的生长都非常慢，而硬核期的长短主要是由葡萄品种决定的，早熟品种的硬核期就相对短一些。

二、基本原理

葡萄园的栽植方式、架式和整形修剪、生长期植株管理，以及土肥水管理和病虫害防治等措施均对葡萄浆果的生长和成熟有显著影响。这种影响可以从植株表现加以判断。我国许多葡萄产区因成熟期高温多湿、病害发展严重，常常被迫提前采收，使葡萄达不到应有的品质。

在浆果生长期，不仅要保证好葡萄生长所需的温湿度环境，还要改善幼果的营养条件，尤其是对长势较弱的葡萄品种，在这个时期要格外加强肥水管理。如果此时幼果营养不足，不仅会对当年的产量造成影响，还会影响次年的花芽分化和植株的整体长势。在这个时期，还应多进行一些修剪工作，如修剪副梢、绑蔓、除卷须等，目的是改善整体的架面环境，使整体都能得到充足的光照。

通过整形修剪，可以平衡营养生长和生殖生长，充分利用光、热资源，改善光照条件，增强光合作用。葡萄的整形修剪是通过冬季修剪、夏季修剪，以及绑蔓、引缚等工作完成的。对幼龄果树，通过整形修剪可迅速增加枝叶数量，适龄结果和早期丰产；对盛果期葡萄，可维持健壮长势，连年丰产稳产；对进入衰老期的葡萄，可及时更新复壮，维持经济产量。

三、实习材料、试剂与仪器

（1）材料、试剂：葡萄树；高锰酸钾溶液、升汞、石硫合剂等。

（2）仪器：修枝剪、手锯、绑蔓绳、修剪梯、高枝剪、磨石等。

四、实习步骤

（一）定梢

当新梢生长到 15～20cm，能分辨出有无花序时，对新梢进行选择性去留。定梢要求保留相应数量的生长健壮、花序发育良好的结果枝，疏除无果发育枝、弱枝和潜伏芽发出的徒长枝。

（二）摘心

摘心是在将新梢引缚到架面后，把主梢嫩尖至数片幼叶一起摘除（图1-6），其次数取决于长势、品种及土壤、气候等自然条件。通过去除新梢顶端生长部分，节省新梢生长所需大量养分，防止落花落果；改善果穗通风透光条件。

摘心主要分为以下三种情况。

（1）结果枝摘心：在开花前 3～5d 至初花期进行，一般在花序以上留 4～6 片叶较为合适。

（2）营养枝摘心：与结果枝摘心同步或较结果枝摘心稍晚，一般留 8～12 片叶。根据新梢长势和空间的大小确定留枝长度，强枝长留，弱枝短留；空处长留，密处短留。

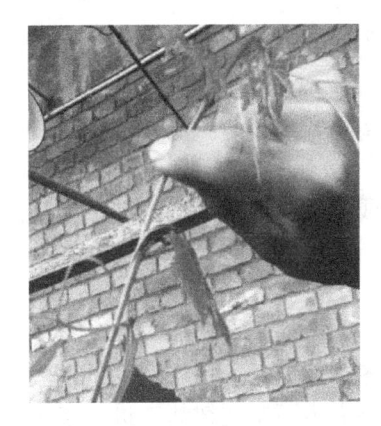

图 1-6　摘心

（3）主蔓延长枝摘心：可根据当年预计的冬剪剪留长度和生长期长短确定摘心时间。北方地区生长期较短，应在 8 月中旬以前摘心。延长梢一般不留果穗，以保证其健壮生长和充分成熟。

（三）果穗修剪

根据产量指标、穗重指标和坐果好坏，疏掉多余的、坐果差的果穗，然后针对每一个果穗具体疏果。疏果时间一般在花后 2～4 周，果粒达到黄豆大小，早疏果对浆果膨大有益。操作中首先疏除畸形果、无核果（呈圆形、果柄细、小粒果）与小果，然后根据穗形和穗重的要求，选留大小均匀一致的果粒。同时为了使果粒排列整齐美观，要选留果穗外部的果粒（图 1-7）。不同品种疏果的标准不同，如'红地球'葡萄单穗重 700～800g，单粒重 12g，每穗 50～60 粒；'巨峰'葡萄每穗留果 35 粒，单粒重 10～11g，单穗重 350g。

（四）副梢处理

葡萄浆果生长期的副梢发育很快，因此要及时进行处理（图 1-8），将多余的副梢抹除是为了使营养能够更集中地输送给果实，同时剪去多余的副梢也能使棚架的透光性得到提升。副梢处理分以下 3 种情况。

图 1-7　葡萄疏果　　　　图 1-8　除副梢

（1）结果枝顶端一个副梢留 3 或 4 片叶反复摘心，其余副梢留 1 片叶反复摘心（幼树和生长强旺树）。

（2）果穗以下副梢从基部抹除，果穗以上副梢留 1 片叶反复摘心，最顶端一个副梢留 2~4 片叶反复摘心（初结果树）。

（3）结果枝只保留最顶端一处副梢，每次留 2 或 3 片叶反复摘心，其余副梢从基部抹除（篱架和棚架栽培盛果期树）。

五、注意事项

（1）抹芽和定梢主要是对冬季修剪的补充，因冬季修剪时，植株留芽量一般偏高，发芽后要适当疏剪，以调整植株的负载量，防止因结果太多而削弱树势，进一步把枝梢调整到更加合理的水平，此时应根据树势强弱和负载量大小最后确定留枝量。

（2）定梢的依据是树势和负载量，做到以产定梢，避免留梢过多。具体留芽量与管理水平、品种特性、树势强弱、修剪轻重和果枝多少均有密切关系。一般肥水条件好、架面大、树势生长旺盛的，留芽宜多；土地瘠薄、肥水条件差、架面小、生长衰弱的，留芽宜少。

（3）植株上花序量多时，可按预定产量指标留足结果枝，当花序量不足时，应尽量保留有花序的果枝。对长势强的品种，少留新梢，如'赤霞珠''霞多丽'等，每米长架面留 10~12 个新梢；对长势弱的品种，多留些新梢，如'黑比诺''贵人香'等，每米长架面留 15~20 个新梢。定梢标准由计划亩产量、每亩株数和品种结果习性等确定。一般结果新梢之间的距离 7~12cm 为宜。

（4）在主侧蔓上进行修剪或缩剪时，应当避免造成"对伤口"，尽量使几个伤口分布于同一侧，且相互间不宜过近。

（5）疏剪或缩剪时应保留残桩。残桩的长度根据蔓粗而定，一般疏剪一年生枝时应留 0.2~0.3cm 的残桩；疏剪粗大枝蔓时，根据粗度留 0.5~1.0cm 的残桩。老蔓更新时造成的粗大伤口（直径 2cm 以上），最好涂消毒剂（3%高锰酸钾溶液或 0.1%升汞）和保护剂（石硫合剂）。

（6）一年生枝短截时，节间长者可在节上留 2~3cm 的残桩，以防其下部芽眼干死。节间较短者可在节部横隔膜处下剪，对于隔绝外界影响的作用更大。留下的残桩在第 2 年春季除梢时剪除，此时愈合最快。

六、实习作业

（1）简述宁夏贺兰山地区主栽葡萄品种夏季修剪时期及方法，并简要说明操作要点（列表展示）。

（2）葡萄夏季修剪同春季、秋季修剪的区别是什么？为什么夏季修剪要及时？

（3）葡萄在夏季修剪的时候需要大量施肥吗？为什么？

第五节　浆果成熟期疏果、二次果处理及果实套袋

一、知识概述

葡萄的果实从受精坐果之后开始生长，直到达到成熟状态或者在推迟采收的情况之下

的过熟状态，在这一阶段的过程中，除了体积的增大之外，还伴随着形态，即颜色、硬度、形状等的变化，以及化学成分，即糖、酸、多酚类物质等的变化。

葡萄浆果生长发育呈双 S 形。一般需经历下述 3 个时期：①浆果快速生长期（持续 5～7 周），即果实的纵径、横径、重量和体积增长的最快时期。②浆果生长缓慢期（持续 2～4 周），又叫硬核期。浆果发育速度明显减缓，但果实内的种胚在迅速发育，在这一期内达到最大体积，种皮开始迅速硬化。③浆果最后膨大期（持续 5～8 周），这是浆果生长发育的第二个高峰期，但生长速率低于第一期。

葡萄果实从发育到成熟一般从每年的 6 月份开始到 9 月份结束，这一阶段是葡萄园管理之中持续时间最长、工作量最大的一个时期。

二、基本原理

葡萄浆果生育期一般包括浆果快速生长期、浆果生长缓慢期和浆果最后膨大期 3 个阶段。若浆果生长缓慢期和浆果最后膨大期这两个阶段管理得不好，则是导致近几年葡萄含糖量低、品质差的主要原因。

在落叶果树中，葡萄是一个可成功进行一年多次结果的果树。其他一些果树虽然也可以一年多次成花，但除第一次花可正常结实外，其他各次开花均为非正常开花，即使开花也不能正常结实或者果实无法正常成熟。

葡萄花芽可分为冬芽和夏芽，在一定地区和特殊技术的前提下具备一年多次分化的生理特性。

（1）冬芽具有晚熟性，当年形成的冬芽要下一年才抽穗结果，当有外界刺激，如干旱、病虫害、修剪、药物等情况下能够萌发并开花结果。

（2）夏芽具有早熟性，一般不进行花芽分化，但是在各种物理化学等措施的诱导下，能很快形成花芽，通常情况下，夏芽在展叶后 20d 内即可成熟并萌发出副梢，夏芽副梢在年生长周期内可多次萌发，利用这一特性可让其多次结果。

（3）不同品种冬芽和夏芽的萌发力和结实力差异很大，其二次花芽分化能力有所不同，二次果的成熟期也有所不同，所结二次果的性状也不尽一致。因此，葡萄二次结果技术应根据品种的特性而定。

（4）利用冬芽结果的关键：一是迫使、加速当年枝条上冬芽中花芽的分化与形成；二是要使冬芽副梢按时整齐地萌发，以保证果实当年能充分成熟。

三、实习材料与仪器

（1）材料：葡萄树。

（2）仪器：修枝剪、绑蔓绳、修剪梯、高枝剪、纸袋等。

四、实习步骤

（一）疏花序、掐序尖和疏副穗

疏花序一般在开花前 10～15d 进行。小穗品种和少数壮枝可留 2 个花序，细弱枝不留花序（图 1-9）。掐序尖（图 1-10）和疏副穗可与疏花序同时进行。一般掐去花序全长的

1/5～1/4，对果穗较大、副穗明显的品种，剪去过大副穗，并将穗轴基部 1 或 2 个分枝剪去。此项夏剪工作也可与疏花疏果结合完成。

图 1-9　疏花序

图 1-10　掐序尖

（二）二次果处理

1. 主梢摘心　　利用副梢二次结果时，必须在夏芽尚未萌发之前及时摘心促其形成花芽，因此摘心时间不能过晚，由于一般欧亚种品种主梢花序上方 1～3 叶腋节中的夏芽容易形成花芽，因此以促进二次结果为目的的主梢摘心的时间比一般摘心时间要早约 1 周，同时也要结合一个地区的具体环境和品种花芽形成的状况进行确定，关键是一定要在摘心部位以下有 1 或 2 个夏芽尚未萌动时进行，这一点务必要注意。

2. 抹除全部夏芽副梢　　在主梢摘心的同时，抹除主梢上已萌动的全部夏芽副梢，使树体营养全部集中在顶端 1 或 2 个未萌发的夏芽之中，促其花芽分化形成，一般主梢摘心后，顶端夏芽 5d 左右即可萌发，若加强管理即可形成良好的夏芽副梢花序。

对已抽生有花序的副梢，应在副梢花序以上 2 或 3 片叶处摘心，以促进已抽生的花序正常生长。

若诱发的夏芽副梢无花序形成，在其展叶 4 或 5 片叶时应再次摘心，促发二次副梢结果，但要注意摘心时在摘心处以下一定要有 1 或 2 个尚未萌动的芽。

（三）剪枯枝、坏枝

剪枯枝和坏枝可与新梢摘心同时进行，多在 6 月上旬。

（四）顺穗、垫果、剪梢

葡萄顺穗、垫果、剪梢一般在 7 月中旬至 9 月，特别是在果实着色前进行。可结合新梢管理，把生长受阻的果穗（如被卷须缠绕或卡在铁丝上的果穗）轻托理顺，使其正常生长或移至叶片下，防止日灼。把过长新梢和副梢剪去一部分，以改善通风透光条件，减少养分消耗，促进果实着色。

（五）摘老叶

摘叶就是在近葡萄成熟期，摘除果穗附近的叶片。在生长后期，葡萄基部的老叶光合能力下降，其消耗的营养物质超过自身产生的营养物质，为节省养分，进行老叶的摘除，以改善果穗通风透光条件，提高其温度，防止果穗病害，提高果实的着色和成熟度，便于打药、采收等作业。一般摘老叶要使90%的果穗暴露在阳光之下。摘叶在采前一个月进行，如果摘叶太早，或太多，就会降低有效叶面积，从而降低产量和质量。在光照强烈的地区，摘叶过早还会容易引起果实的日灼。一般光照越强的地区摘叶会越晚。

（六）中耕除草

葡萄田间在浆果成熟期也会生长大量的杂草，特别是在多次灌溉之后，就更加剧了野草的生长。野草的剧烈生长会吸收土壤中大量的营养元素和水分，导致葡萄生长受限，从而影响葡萄的产量和品质。所以在浆果成熟期要进行杂草的清理工作。这一工作对消除土壤的板结状态、改善土壤的通气条件、防止水分蒸发、降低空气湿度都有一定的作用。清理杂草一般情况下要清理三次。第一次是清理初生的野草；由于野草生命力比较顽强，第一次并不能完全除去，所以需要第二次除草，除去第一次未除去的杂草；第三次除草是为了除去晚生长的杂草。经过三次杂草的清除工作，就可以保证葡萄完全利用土壤中的养分，有利于提高葡萄的产量及品质。

主要的除草方法有清耕法、地膜覆盖法、覆草法、化学除草法（优点：减轻劳动强度、降低生产成本）和其他覆盖法。

（七）果实套袋技术

果实套袋能抑制叶绿素，促进类胡萝卜素和花青素的形成；使果点减少、变小、色浅；防止果锈和裂果的产生（图1-11）；降低病虫为害和农药污染，显著提高果实的外观品质。

为提高套袋效果，应把握好袋型选择和套袋前管理两个关键环节。

1）袋型选择　　目前生产中应用的主要是纸袋和塑膜袋。纸袋又分为双层纸袋和单层纸袋等。从使用效果看，外观品质以套双层纸袋者最好，这样处理的果实果面光洁、色泽鲜艳。但投入成本也以双层纸袋最高。不管哪种袋，都程度不同地有降低果实硬度和使果实风味变淡的趋势，其中以双层纸袋影响最大，塑膜袋最小。

图1-11　葡萄套袋

2）强化套袋前的管理　　一是严格疏花疏果，否则会影响套袋的效果。二是强化病虫害的防治，严防病虫入袋为害，关键是加强开花前后的病虫防治工作，要求在套袋前必须有针对性地喷1次杀虫、杀菌剂，且喷药和套袋之间间隔的时间不能超过7d，否则要重新喷药后再进行套袋。

五、注意事项

（1）花果管理必须与其他农业技术措施相配合；

（2）有露水时不能疏果，防止日灼；

（3）疏果时尽量减少手与果面的接触，因人体温度过高容易伤害果粒；

（4）疏果时不要来回转动果穗，防止扭伤果柄。

六、实习作业

（1）怎样正确理解果树保花保果与疏花疏果的关系？

（2）简述宁夏贺兰山地区葡萄主栽品种常用的保花保果、疏花疏果和果实提质方法，并简要说明其操作要点。

（3）简述葡萄的花果管理要点。

第六节　落叶休眠期结果枝组更新及埋土防寒

一、知识概述

葡萄叶片来源于冬芽或夏芽，是进行光合作用，制造有机养分的主要器官，树体内90%～95%的干物质是由叶片合成的，叶片的正常生长活动是葡萄生长发育和形成产量的基础。叶片色泽的深浅能反映出葡萄营养水平和光合能力的强弱，故现代栽培上常用叶分析营养诊断法指导合理施肥。在栽培中，采取各种有效措施增加叶片数，扩大叶面积，对葡萄高产优质、持续稳产具有重要意义。

在同一植株上的叶片由于形成的早晚和形成时的环境条件不同，其生长情况和寿命也不一样。年生长初期位于新梢基部的叶片，因早春气温低，叶片较小，寿命较短，叶龄为120～150d；新梢旺盛生长期形成的叶片最大，光合能力最强，叶龄寿命为160～170d；生长末期形成的叶片，因气温下降，组织不充实，叶片小，光合能力最弱，寿命最短，叶龄为120～140d。这种不同部位叶片的生理功能上的差异，直接影响芽的形成及其充实程度，对第二年新梢生长和开花结实都有很大影响。

葡萄进入结果期，要注意控制合理的叶果比指标。研究证明，'巨峰'葡萄每一标准果穗（350g左右）需叶15～20片，即叶果比15∶1～20∶1。当叶果比低于15，表示叶片不够，果穗太多，负荷过量，应该考虑适当疏穗或整穗，否则势必影响果实的品质；相反，当叶果比超过20，则说明坐果不足，尚有生产潜力，应尽量做到保花保果。栽培技术措施就是要使叶果比保持最佳值，从而提高葡萄的产量和品质。

葡萄栽培研究中，常用叶面积指数（或称叶面积多少）来表示绿叶层厚度。叶面积指数是指总叶面积/单位土地面积，或单株叶面积/营养面积（行距×株距），即果树总叶面积相当于土地面积的倍数。叶面积指数越高，表明叶片越多，反之，则越少。由于栽培葡萄品种的不同，架式和树形各异，故很难确定一个共同的叶面积指数。例如，'巨峰'葡萄在采用水平大棚架和X形整枝的情况下，最佳叶面积指数值为1.52，当叶面积指数低于1.52时，说明叶面积不够，不能充分利用单位面积内的光能，从而影响光合产物总量的形成，对产量和品质带来不利。在生产上有由于过度密植而间伐不及时，修剪量过重，氮素过多等原因，导致叶面积指数过高，树体郁闭，产量低，品质差，究其原因，主要是对葡萄叶的生长特点缺乏了解。

葡萄的正常生理落叶是由于秋后低温而引起的，在日平均气温下降到12℃，日照时长低于12h以下时，叶片就停止光合作用，从而使葡萄叶柄产生离层而脱落，这一过程就是葡萄的落叶期。伴随着葡萄树落叶期的就是其休眠期，当葡萄叶都脱落以后，葡萄树到达休眠期。此时的葡萄树就开始进行抗寒锻炼，主要的生理变化就是淀粉转变为糖，游离态的水转变为结合态的水，果胶物质增加，以此来提高其抗寒能力。在这一时期，葡萄园的管理是尤为重要。

二、基本原理

冬季修剪又称休眠季修剪，是剪掉所有或部分季节生长的枝蔓，通过限制芽数量控制来年产量。冬季修剪旨在通过新枝更换上年结果枝，调整下一季的产量，拥有足够的留芽量，可保证要求的产量。精心修剪并充分考虑枝蔓的活力和健康，这样便可保证有足够的果穗以保证产量，同时又有足够的叶面保证果实成熟。

最理想的冬季修剪时间应该在葡萄自然落叶之后的 2~3 周时进行，贮藏在一年生枝的有机养分向树体多年生部位转移，并且贮藏后就可以进行整形修剪。在宁夏贺兰山东麓葡萄酒产区秋天来得早，葡萄叶片还未脱落完成就会被霜打，修剪工作不能在霜期进行，枯干在树枝上，加上降温幅度大，为了便于及时埋土防寒，应该保证在修剪之后有充足的时间埋土，以培养或保持葡萄植株的形状，辅助确定结果母枝的数量、分布和长度。在冬季修剪的过程中应该注意的是：为了防止植株早衰和下部秃裸，应该尽量限制多年生部分的伸长及修剪伤口的数量。结果母枝质量的好坏直接决定第二年葡萄的产量和品质。优良的结果母枝呈均匀的褐色，外观明亮，条纹明显，中心髓部小，弯曲时不会折断，节间较短，芽眼饱满。从结果母枝数量上来讲，修剪分为短截（结果母枝）、疏剪（从基部疏除多余的结果母枝）和缩剪（多年生枝回缩）。从剪留长度（节数或芽眼数）上来讲，修剪又可分为超短梢修剪（1 节）、短梢修剪（2~4 节）、中梢修剪（5~7 节）、长梢修剪（8~12 节）、超长梢修剪（12 节以上）和混合修剪（长、中、短相结合）。一般采取中、短梢修剪，以短梢修剪为主，并在实际修剪时还要考虑所留芽眼质量的好坏来确定剪留长度。

果树树体结构和枝芽特性直接影响到果树生长结果习性、产量、品质和栽培管理技术。由于各种果树的枝芽特性和对环境条件的要求不同，因而不同果树的树体结构不同。同时，同一种果树在不同栽培密度和方式下的树体结构也不相同。芽的特性包括芽的异质性、芽的早熟性、萌芽率和成枝力等，枝条的特性主要包括顶端优势等。

三、实习材料与仪器

（1）材料：葡萄树。

（2）仪器：修枝剪、绑蔓绳、修剪梯、高枝剪、纸袋、铁锹、稻草、钢卷尺、卡尺、笔记本、铅笔、橡皮、记录表格等。

四、实习步骤

（一）结果枝组更新

结果枝组每年都要进行更新修剪以防止结果部位上移，以达到年年结果，丰产稳产。生产上通常采用的结果枝组更新方法有以下两种。

1）单枝更新　　方法是用修枝剪进行修剪时选留靠近主蔓 1 或 2 个一年生枝，留 3 或

4芽短截，短截后的一年生枝既是来年的结果枝又是来年的更新枝（图1-12）。第二年从发出的新梢中选留1或2个结果枝，结果后于冬剪时仍自基部留3或4芽短截，如此重复。

2）双枝更新　　这是枝蔓更新的另一种方法，由预备枝和结果母枝组成，预备枝抽生新梢当年不挂果，全由结果母枝抽生新梢结果。具体修剪方法是第一剪回缩上一年结果母枝，即从长结果母枝前的三年生枝中间回缩，剪去前面所有的结果母枝和一年生枝；第二剪短截预备枝上芽抽生一年生营养枝，按其周围枝组疏密决定剪留长度，作为来年结果母枝；第三剪按短梢（2或3芽）修剪预备枝最下位的一年生枝，作来年预备枝，三剪完成一个枝组的修剪。第二年结果母枝抽生结果枝结果，预留短梢上抽生2个新梢（一般疏去其上着生的果穗），作为翌年结果单位；冬季如此一长一短（节间长品种可采用两长一短，此时预备枝留3芽）修剪，周而复始（图1-13）。留预备枝能有效地避免结果部位上移或前移。这种修建方式在矮干居约式整形中经常应用，因每年地上部分只有一年生枝，极易埋土，而在其他的整形方式中应用较少。

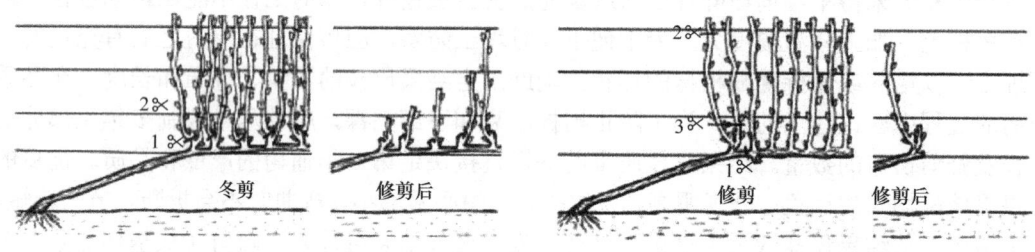

图1-12　单枝更新示意图

图1-13　双枝更新示意图

（二）短截

短截指把一年生枝条剪短，留下一部分枝条进行生长（图1-14）。短截主要是为了预留结果母枝和预备枝用，是生产中应用最广的一种。根据剪留枝长短，短截分为4种方式，超短梢修剪（只保留1芽或枝条基芽）、短梢修剪（2～4芽）、中梢修剪（5～7芽）、长梢修剪（8芽以上）。

短截时注意剪口位置和方向，一般至少在芽上3cm（图1-15B）平剪，节长不够时，可破前节剪（图1-15A），如剪口离芽太近或角度过大（图1-15C、D），易导致剪口芽失水而死亡。

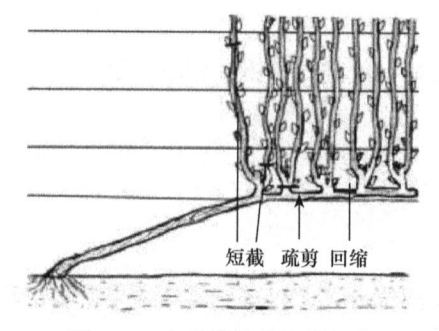

图1-14　冬季修剪的几种方法

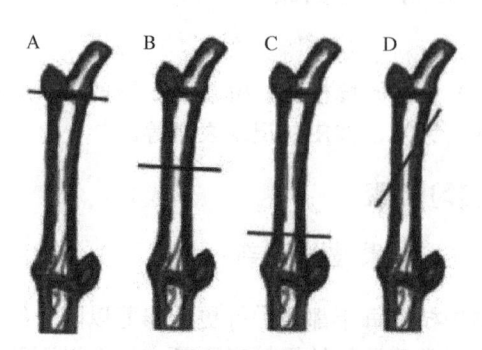

图1-15　短截剪口位置
A. 破前节剪；B. 平剪（离芽距离较远）；
C. 平剪（剪口离芽太近）；D. 斜剪（角度过大）

（三）疏剪

疏剪又称疏枝，指将枝条从基部剪去（图1-14），一般用于疏除过密枝和基部无用的徒长枝。作用是改善树冠通风透光条件，提高叶片光合效能，增加养分积累。疏枝对全树有削弱生长势力的作用。疏枝时剪口（图1-16）离主蔓的长度取决于疏去枝条的粗细，粗的长留，细的短留。如果太近主蔓，留下修剪后的伤口会向内扎入深浅不一的锥状死组织，影响主蔓内树液的流通。

（四）回缩

回缩也称缩剪，是指剪掉2年生枝条或多年生枝条的一部分（图1-14）。回缩的作用因回缩部位不同而不同，主要用于多年生枝蔓更新，可分小更新和大更新。当老蔓过粗，埋出土不便时，或蔓出现伤口、折损时，对其进行更新，更新前必须在被更新的枝蔓下方预先培养出强壮的枝蔓或从地表发出萌蘖。在预留更新枝蔓未长成之前不宜进行更新。

主侧蔓缩剪，即小更新。当主侧蔓表现衰退、有损伤或主侧蔓向前延伸超过一定长度时进行缩剪，会起到局部更新的作用，二年生结果母枝和大部分一年生枝属于此类修剪。

老蔓更新，即大更新。当主蔓（干）显著秃裸，衰弱或增粗至不便于埋土防寒时，萌芽后选留基部萌发位置和方向好的枝条，生长季向上引缚，枝长达到需要的长度时摘心促进成熟，剪后留作结果母枝，然后将主蔓从基部截断疏除，以新生主蔓代替，完成更新（图1-17）。大更新除非在全株受冻或由于其他原因导致植株大面积坏死时才一次性去除。

图1-16　主蔓上的疏枝剪口

图1-17　预留更新枝
1. 更新枝1；2. 更新枝2

（五）冬剪留芽量的确定

根据计划产量确定冬剪留芽量。在良好的栽培条件下，鲜食品种每亩稳定在1500～2000kg，酿酒品种500～1000kg为宜。幼树的产量应稳步增长，不可急剧升高。冬剪留芽量计算公式为：

每株平均留芽量=每亩葡萄计划产量(kg)/每亩株数×结果枝率×结果系数×果穗平均重(kg)

注：缺株断垄葡萄园每亩株数不能按园内实际株数计算。

（六）埋土防寒

葡萄埋土防寒主要是为了防止葡萄枝条整个冬季裸露风干和防止葡萄根系受冻，以方便来年再次种植葡萄（图1-18）。葡萄进行埋土防寒一般在秋季葡萄修剪之后进行，即土壤封冻的前15d，亦可以这样来说，就是在土壤温度达到0℃之前，具体进行的时间还要根据当年气候的变化而定。我国华北地区大致在11月中旬，东北中部地区在10月下旬，东北北部地区在10月中旬。在埋土防寒之际最好是将修剪、消毒工作、浇水、压蔓等工作全部完成。不同地区防寒的方法不同，在较严寒地区，多采用选择抗寒砧木或者以深沟种植。埋土防寒常用的方法有以下几种。

图1-18 埋土防寒

1）直接埋土法　　直接用土埋，此方法适合冬季不是特别寒冷，土质比较细腻的园地。

2）有机物埋土法　　先覆盖有机物（苞米秸、草帘、稻草），再用土埋。在我国东北部地区多采用此法，覆盖土块的时候一定要保证土壤稀松，做到密不透风的效果。取土部位最好是离葡萄植株较远，防止破坏根系。此方法用土量比直接埋土法少，安全系数高。

3）机械埋土　　我国大部分传统葡萄产区均已普及机械埋土，黑龙江省巴彦县农机厂制造的铲抛机就是专门用于葡萄埋土防寒的机器，使用效果甚佳。使用时注意采土距及葡萄间距，不能伤及根系。

传统的龙干形或多主蔓扇形，特别是不易压近地面，根部弓形较大的多年生粗蔓，埋土需要厚些。根系耐低温能力差，最容易受冻，一般情况下保证芽不受冻的埋土厚度可以保证根系不受冻。但根系在土中的分布不同于主蔓，如果从靠近根系的侧面取土太近，往往导致葡萄侧根离冻土太近而受冻，影响葡萄生长，因此，要远离根茎取土以保证侧根的安全。当然埋土也不宜过厚，这样不但埋土、出土费工，而且如果较为黏重的土壤，在春季回温时，土壤通气性不好，容易导致冬芽发霉。

（七）树体结构各部分名称、枝芽类型和特性观察

（1）观察葡萄树体的结构特点（图1-19），明确各部位的名称：主干、主蔓、副梢、结果母枝、结果枝（图1-20）、节、副梢。

主蔓和侧蔓从主干上或地面直接分出一至几个蔓，形成植株的骨干叫主蔓。主蔓上的大分枝叫侧蔓。结果母枝是着生结果新梢的枝条。结果枝（结果新梢）是着生花序或果穗的新梢。

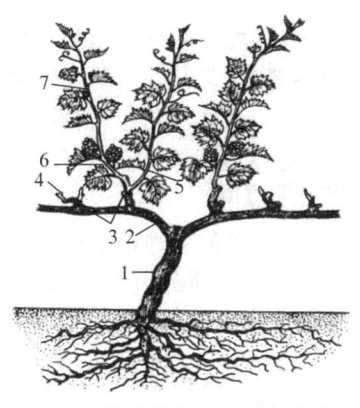

图 1-19　葡萄植株各部分的名称
1. 主干；2. 主蔓；3. 结果枝组；
4. 结果母枝（蔓）；5. 新梢（生长枝）；
6. 新梢（结果枝）；7. 副梢

图 1-20　葡萄的新梢（结果枝）
1. 结果母枝；2. 结果枝；3. 冬芽；
4. 节间；5. 副梢；6. 节；7. 花序；
8. 叶片；9. 卷须

（2）观察葡萄芽眼的类型、形态特点、着生部位及萌发规律。识别冬芽、夏芽、主芽、后备芽、潜伏芽（隐芽）。

冬芽和夏芽。冬芽外被鳞片，在正常情况下越冬后萌发，抽生结果枝或发育枝。夏芽为裸芽，着生在冬芽侧旁，无鳞片包被，不能越冬，当年形成当年萌发成副梢。

主芽和后备芽。每个冬芽由 1 个主芽和 3~8 个以上的后备芽（副芽）组成。主芽发育完全，春季先萌发，如受到伤害则后备芽可陆续萌发。有些品种的主芽和后备芽可同时萌发成双梢或三梢。

潜伏芽。葡萄冬芽中的主芽或后备芽当年不萌发，而成为潜伏芽，在适宜条件下可陆续萌发。葡萄冬芽中后备芽数目很多，每年常有许多潜伏芽发出，所以很容易更新。

（3）调查葡萄的萌芽规律，双芽及三芽的萌发情况，冬芽和夏芽的萌发特点。以及年生长次数、年生长量等，找出其生长规律和特点。

（4）观察葡萄的结果部位，结果母枝上不同部位抽生结果枝的能力，结果枝上果穗的着生部位，副梢结果情况。

（5）观察葡萄花的结构两性花、雌能花、雄能花；闭花受精现象。

五、注意事项

（1）正确判断是合理修剪的前提，修剪一定要根据葡萄的种类和品种特性、当地环境条件、栽培方式（露地和设施）和管理水平、架式和株形等因素综合考虑。

（2）由于枝蔓组织疏松失水，剪口下常有一小段干枯，为保护剪口下芽，修剪时必须在剪口芽上方留 3~5cm 枝段防止抽干。

（3）修剪时要避免伤口过多、过密，否则树体恢复慢，易得病虫害，影响水分和养分运输。

（4）树蔓更新时，应从主蔓延长枝开始往下剪，以免造成不必要的损失等。

（5）灵活运用果树的截、疏、放、伤、变五个（类）修剪方法及其效应，尤其是在修剪量上，应"轻"字当头，轻重结合，因树制宜。

（6）埋土后应拍实土堆，严禁漏风，否则埋土防寒的效果欠佳。

（7）取土地点要远离根系，一般离根茎部1m以外，以防发生侧冻，得不偿失。

（8）压倒主干时，可以在主干弯曲处垫一土枕，防止基部折断。

（9）地域不同，环境温度不同，埋土的厚度也不相同。而且不同葡萄品种的耐寒程度也不相同。务必根据当地气候条件选择埋土厚度。

（10）欧亚种根系－5℃受冻，枝芽可耐－18℃。欧美杂交种根系－7℃受冻，枝芽可耐－20℃。贝达葡萄根系－12℃受冻，枝芽可耐－30℃。山葡萄根系－16℃受冻，枝芽可耐－40℃。以上数据为没有过量负载情况下充分成熟的枝条根系。

（11）采用不同树形时，枝芽近地面程度不同，埋土厚度也不同。如用标准化的"厂"字形或矮干居约整形方式，枝芽近地面，埋土可以浅些。

六、实习作业

（1）从果园"三大"管理的关系出发，谈谈在实地修剪时，怎样才能正确运用葡萄的整形修剪技术（外科手术）？或怎样才能正确运用葡萄的冬季修剪技术？

（2）简述葡萄物候期与栽培管理的关系。

（3）北方露地栽培葡萄为什么要埋土防寒？其埋土防寒的时期如何确定？埋土防寒的方法及操作要点分别有哪些？

（4）简述埋土防寒的技术要点。

（5）为什么说葡萄的贮藏营养水平是衡量葡萄栽培技术水平的重要标准？

（6）分别调查2个品种，每个品种调查5个长枝，列表（表1-1）比较不同芽眼的形态特点、着生部位及萌发规律。

表1-1　××品种不同芽眼形态特征

特征指标	一号长枝	二号长枝	三号长枝	四号长枝	五号长枝
形态特点					
着生部位					
萌发规律					

第二章　葡萄园田管理实习实践

第一节　葡萄园建立

一、知识概述

进行园地评价，评判园地的葡萄种植适应性，了解拟建园地在葡萄种植方面的优势和劣势，并以此为基础进行科学决策。由于葡萄根系较深，评判园地时，应间隔适当的距离（70～100m 为宜）挖深 1m 以上的三角形坑，在不同深度的截面上取土，分析其土壤营养、土壤质地和土层结构，评判其水肥保持和供应能力，有助于制定针对性的建园和管理策略。根据调查结果，分析葡萄园建设、栽培管理方面存在的问题，并根据所掌握的葡萄栽培管理知识，提出解决问题的方法和改善葡萄栽培管理的措施、提出提高葡萄品质及经济效益的建议，为今后葡萄园管理工作积累实践经验。

视频　葡萄生长管理

二、基本原理

葡萄园是酒庄的原材料生产基地。葡萄是典型的多年生作物，一般商业寿命在 40～50 年或者更久，有些葡萄园树龄甚至高达 100 多年。因此，葡萄园不仅要产出优质的原料，而且还要给人以美的感觉。而葡萄质量的好坏，除取决于品种（包括砧木品种）自身的遗传因素外，还受产地土壤、气候及栽培管理技术等因素的影响，所以葡萄园选址规划是否适当，对未来影响很大。在建园时，应对建园区域的气候、土壤、周围环境等进行综合评价，选择合适的品种和恰当的栽培方式，使各因素对葡萄的产量和质量产生最佳的影响。

在葡萄适宜种植区内，品种的自身遗传因素起到了决定作用，在良种化的前提下，选用合适的品种，才能提供优良的葡萄原料。因此，一定要在详细调查研究当地的气候、土壤等生态因素之后，再确定这一地区是否适宜发展葡萄，适宜发展哪些类型的葡萄，采取什么样的管理措施等。选择品种的依据主要有以下几点。

（1）新建葡萄园选择什么品种，主要考虑葡萄品种对气候土壤的适应性，也要考虑葡萄酒厂的需要，最好选择在当地或近似条件的地区长期种植表现较好的品种，有时为了应对不同的土壤条件或病虫害，还应选择与品种有较高亲和性的砧木品种。

（2）选择品种时，把品种的生物学特性和当地的气候条件相结合，可以最大发挥品种的优良性状。一个地区由于立地条件的不同和小气候条件的影响，品种的成熟期也有所改变，随着海拔升高，物候期逐渐向后推移。种植何种品种，最稳妥的是选择当地已试种成功，有一定栽培历史，且经济性状较佳的品种，就地繁殖和推广。

（3）在选择引入新品种前，首先应该查阅资料，了解当地气候是否能满足品种对积温的需求，了解拟引入品种的生物学特性和工艺特性，是否与当地的自然环境条件和生产方向相一致。其次，引入后对引进的品种进行检疫，在引种园中观察其生物学、栽培学特性，并进行工艺特性研究（如单品种酿酒试验）。最后进行综合评价，推广那些适应当地自然条件，且优质（果实或加工产品）、丰产的品种。需要注意的是，在引种研究时，研究结果应能代表品种特性，所以引入的每一个品种都应有一定的数量。如果发现有检疫对象，必须就地销毁有检疫对象的苗木。

（4）在一个地区，适合栽培的品种可能较多，新建葡萄园选择什么品种，应根据生产方向要求，选择那些经过当地或近似条件的地区长期考验过的，适应当地自然条件和生产方向的优质、高产品种，避免栽培那些酿酒品质不高的品种。另外，不同的品种具有不同的加工特性，如酒精度、酸度的高低，多酚类物质含量的多少，颜色的深浅等。因此，选择种植什么品种，取决于生产葡萄酒的种类，不同种类葡萄酒需要葡萄的含糖量、酸度、多酚含量、香味、色泽是不同的，且两个或两个以上品种的配合，可以获得质量更高的葡萄酒，或者相反会降低葡萄酒的品质。

葡萄是一种寿命较长的果树，一旦定植，更新周期长，因此，葡萄园规划是一切的基础，只有从建园开始打好坚实的基础，才能避免挖树重建现象。在品种（包括砧木品种）和与之相适宜的栽培方式及园址选定后，进行葡萄园的栽培区、道路、防护林、灌溉设施等规划工作，实地勘测园地的地形，依据园地现有道路、水电设施、建筑物等，绘制出合理的、切实可行的葡萄园总体规划图。规划图内容包括：栽植区划分、土壤改良、管理方式、道路设置、防护林建设、排灌系统、管理用房等附属设施的建设。需要强调的是，葡萄园的规划、建园所采用的技术规范及建园当年对幼苗的管理，都将对葡萄将来的产量、质量及葡萄树的长寿性等方面产生深刻的影响。

葡萄的栽培方式即为控制葡萄的生长发育所选用的各种栽培技术的总和，包括植株定植模式、树形、植株营养和生殖生长的平衡管理等，其中定植模式和树形确定之后将很难改变，而具体的营养和生殖生长管理措施则可根据具体情况灵活调整。定植模式包括株行距及行向等，它们会因改变葡萄地下部和地上部生长空间而影响其生长发育和生产能力。考虑到充分利用空间、树体长势及田间管理等因素，结合园地土壤、气候及品种特性，葡萄的种植密以 2000~10 000 株/hm² 为宜，行向应为南—北向或西北—东南向，在坡度大时应与等高线相同，坡度小时应沿坡向种植，同时行应与地块的长度一致。

葡萄的树形由其主干、主蔓及侧蔓等多年生骨干枝蔓排列形成。把葡萄树造就成一定形状的过程即为整形。修剪，即去除葡萄的枝蔓、新梢、叶片及其他营养器官等的措施，是实现不同树形的具体措施。调查中需要了解不同树形所用的修剪方法及其优缺点等。

三、实习材料与仪器

（1）材料：栽培管理和产量、品质正常的葡萄园，或管理水平相对较低和管理水平相对较高的葡萄园（可进行对比调查，以便更清楚和细致地了解、分析葡萄园存在的问题及解决问题的方法与途径）。

（2）仪器：记载纸、皮尺、卡尺、计数器、锹、测糖仪、种植机械、建筑机械、计算机等。

四、实习步骤

（一）园地整理

由于葡萄为生深根作物，根系集中分布在 40cm 左右，而一般土壤的耕作层仅为 20cm 左右，因此，种植葡萄需要进行适当的园地整理，将葡萄定植沟内的土壤进行适当的改良。对于较平的园地来说，可以直接进行开沟作业。受传统的农业耕作方式的影响，我国土壤的有机质普遍偏低，因此应尽可能通过园地整理将表层熟土填充到定植沟中，在确保葡萄适宜长势的同时还能降低行间杂草的生长量。定植沟的开沟和回填方法如图 2-1 所示，将有机肥按照设定行距顺行洒在园地表面。开沟时从一侧开始，先将第一行的沟按照规格（一般为深 80cm、宽 80cm）开好，然后将有机肥回填到沟底，再将行间和下一行地表的熟土回填到沟内，再将下一行的沟内生土挖出填充到行间，之后将剩下的行逐一回填。

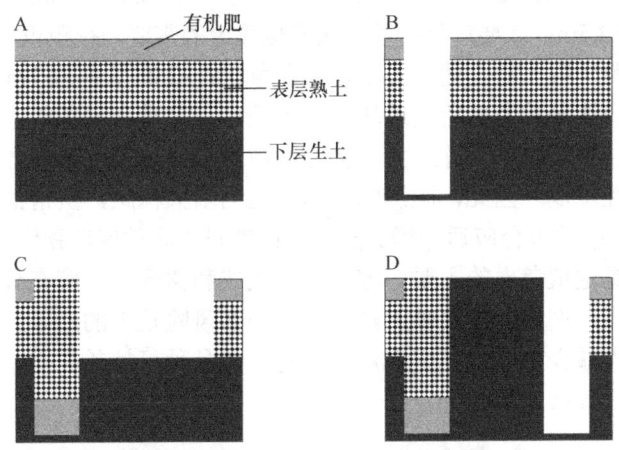

图 2-1 定植沟开沟和回填示意图

在丘陵坡地上进行葡萄种植，为满足机械化作业的需求，还应对原有的梯田进行整理，将其改变为平缓坡地，以利于进行机械化作业。由于我国丘陵山地基础多为梯田，需要根据实际情况采用相应的整理措施。对于南北方向的梯田，可将小块的梯田整合为大的梯田，较矮的地堰可以直接整平，较高的地堰可经过整修后保留；对于东西方向的梯田，应尽可能整理呈缓坡，可以将较高的地堰加固作为地块的分界线。丘陵山地在整理园地时，如果需要做较多的土地整平工作，应先用机械将表层熟土推到一边，待土地整平后再将熟土覆盖回来，以便进行后续的土地整理工作。

（二）定植

行向及株行距的确定应根据拟建地点的纬度、地形地貌等因素综合确定，在条件允许的情况下，应尽可能选择南北偏西行向，使夏季 14:00 温度最高时，尽可能减少给葡萄的光胁迫。地块南北过于狭窄只能安排东西行向的，应尽可能选择白色品种，以减少北面弱光对葡萄品质和均一性带来的不利影响。

确定行距时，应考虑机械操作的便利程度及所在地区纬度所决定的太阳高度角等因素。当前国内主要机械的作业宽度多为 1.2~1.6m，从这个角度考虑，行距应该在 2.0m 以上；

太阳高度角是太阳光的入射方向和地平面之间的夹角，计算公式为
$$\sin H = \sin\varphi \sin\delta + \cos\varphi \cos\delta$$
式中，H 是太阳高度角；φ 是当地的地理纬度；δ 是当日的太阳赤纬。

以蓬莱产区为例，其所处的经纬度约为东经 120.8°、北纬 37.75°，晚熟品种成熟期一般在 10 月上中旬，应保证在 9 月 30 日前后果实区域能有 6.5h 的照光时间，9 月 30 日的太阳赤纬为－2.56°，真太阳时 8:45 和 15:15（北京时间 8:48 和 15:48）的太阳时角分别为－48.75° 和 48.75°，太阳高度角均为 29.6°，葡萄叶幕高度在 1.3m 时，在 9 月 30 日真太阳时 8:45 和 15:15 形成的遮阴距离均为 2.28m，因此要保证 9 月底前后果实区域能有 6.5h 以上的光照时间，行距应在 2.3m 以上。在成熟期基本一致的条件下，纬度更高的产区应考虑更大的行距。例如，在东经 87.3°、北纬 44.0°的新疆昌吉产区，晚熟品种成熟期一般在 9 月底，为保证 9 月 23 日（秋分）前后果实区域有 6.5h 的光照时间，9 月 23 日（太阳赤纬为 0°）真太阳时 8:45 和 15:15（北京时间 10:55 和 17:25）的太阳高度角为 28.4°，1.3m 叶幕的遮阴距离均为 2.41m，行距应该在 2.5m；而要满足新疆产区机械埋土的需要，行距也应该在 2.5m 以上。

酿酒葡萄的株距一般比鲜食葡萄要小，通常为 0.5～2.0m，而以 1m 左右的株距最为常见。确定株距时，应该着重考虑所选地块的立地条件、品种和砧穗组合的特性因素。一般来说，株距小会使长势趋旺，而株距大则会加大树形构建的难度，并导致结果臂前端和后端果实品质的一致性降低。因此，肥沃的土壤应适当增大株距，贫瘠的土壤应适当缩小株距；长势旺的品种或砧穗组合应适当增大株距，长势弱的品种或砧穗组合应适当缩小株距。架式及树形选择也是定植考虑的主要内容。选择架式和树形时，应充分考虑当地的自然条件和所选品种的特点。例如，地面辐射热较高、病害风险较大的产区应适当提高架面，光照较差的产区应适当减少单位架面留梢量，长势旺的品种可拉长株距、抬高架面，长势弱的品种可缩短株距、降低架面。

五、注意事项

（一）砧木的选择

在葡萄的生产环境中存在着许多不利于其生长和结果的因素，如干旱、寒冷盐碱、湿涝、病虫害等。有针对性地选择砧木进行嫁接栽培，既能保持品种的优良性状，又能利用砧木的抗逆性，克服自然环境中的不利因素，提高适应性，扩大栽培区域，降低生产成本，提高葡萄产量和品质，充分发挥栽培品种的优良特性，取得显著的经济效益。

（二）品种混杂栽培危害

一般情况下，葡萄园内定植的品种不止一个，但同一品种应种植在同一成片区域中，避免不同品种在同一区域内混杂栽培的现象。在埋土防寒区，造成品种混杂栽培的因素较多，有些因购苗木不纯造成品种混杂栽培，而大部分葡萄园因葡萄树受冻死亡后补植其他品种苗木而形成的小区内品种混杂栽培。其危害主要是不利于田间管理，因为不同品种的物候期和植物学特性不同，所以品种混杂栽培后有以下危害。

（1）不利于出土：各品种萌芽期不同，在出土时按品种萌芽早晚顺序出土，不利于植株生长期保持一致，也不利于人工安排，需要分批重复出土工作。

（2）不利于肥水管理：不同品种开花和果实膨大期不一致，只能按一种主栽品种进行肥水管理，这样会影响少量品种的坐果率或膨大，结不出高质量果实。

（3）不利于病虫害防治：不同品种对病虫害，特别是不同类型病害的敏感程度差异较大。首先，对于抗病品种，可以不用或少用药即可完成周年生产，如果混杂有不抗病品种，就需要喷药，不但浪费农药，也污染了环境。其次，不同病害发生有季节性，如果混杂少量品种，可能会出现一片园区内同时发生多种病虫害，防治这种病虫害时，错过了另一种病虫害的最佳防治时期。

（4）不利于采收：各品种均有最佳采摘成熟度，当成熟期不一致时，采收时不能保证所有的品种均达到最佳的成熟度，必然降低其中部分葡萄产品的质量，体现不出品种的优良特性，最终导致产品质量降低。

六、实习作业

设计出一个葡萄园的建设规划方案（作图表示），并选择合理的葡萄树种，标明原因。

第二节　葡萄园小气候监测

一、知识概述

气候是大气物理特征的长期平均状态，是地球上某一地区多年时段大气的一般状态，是该时段各种天气过程的综合表现。气候特征多以冷、暖、干、湿等来衡量，气象要素（气温、光照、降水、风力等）的各种统计量（总量、均值、极值、概率等）是表述气候特点的基本依据。小气候是指更小范围的气候，往往是由人为农作因素所形成的气象要素不同的微域气候。例如，由防风林和梯田建设所产生的区域小气候，以及葡萄的不同栽培方式，形成了葡萄行间、葡萄叶幕内，甚至果穗内部区域的微气候。

二、基本原理

（一）主要气候资料的收集

收集日平均温度、日降水量、日照时数等数据。可直接从气象台（站）收集，或由教师提供。

（二）主要气候资料的整理和统计方法

有些气象要素需要用总数表示，如日照时数、降水量、积温、无霜期等。日照时数、降水量、无霜期等的计算公式为：

$$X = x_1 + x_2 + x_3 + \cdots + x_n$$

式中：X 表示某气象要素在某一时期内的总数；x_1, x_2, x_3, $\cdots$, x_n 表示某一气象要素在某一时期内的各项观测记录的数值。

气候直接决定葡萄种植区域，同时也影响葡萄的生理过程，从而影响葡萄的生产。根据气候条件的不同可以把葡萄产区分为优质区、适宜区和适生区。气候对栽培模式的影响主要表现在对葡萄栽培密度、架形、整形方式等的影响。气候因素主要有温度、降水和光照条件等。温度是影响葡萄生长的最重要的气候因素。温度决定了葡萄是否能够成熟，并产出优质的葡萄，一般认为大于10℃的活动积温要高于2500℃的区域才能种植葡萄，否则除少数极早熟葡萄外，许多葡萄很难成熟。当然土壤、空气湿度也是决定是否需要埋土的因素。在有些冬季有雪、湿润度较高的地区，即便最低气温低于−15℃，仍然可以不埋土。在我国埋土地区大多冬季气温低，同时空气湿度小，往往产生了"冻旱"，所以温度决定了葡萄是否埋土防寒，当然也决定了葡萄树形。一些低温地区，特别是夏季低温地区，为了提高葡萄的成熟度，往往主蔓距离地面比较低，主要利用土壤反射的热量，提高果实周围温度促进果实充分成熟，如法国勃艮第地区；相反有些产区为了保持葡萄的酸度、减少土壤辐射的热量，往往主蔓距地面较高，如生产白兰地的法国高尼亚克地区。对于特定品种来讲，热量低的地区与热量高的地区往往采用的树形或整形方式不同。霜冻，特别是晚霜冻也对葡萄的整形修剪有影响，经常发生晚霜冻的地区，宜采用高干型，即主蔓应距地面较高。

降水决定葡萄的生长状况，也决定葡萄的栽培模式。首先，空气湿度是决定葡萄是否埋土的重要因素。例如，山葡萄贝达品种在东北−40℃的条件下不需要埋土，但在西北地区−15℃的条件下却必须埋土，否则芽眼会全部死亡，主要原因是东北冬春季降雪较多，空气湿度大，即便土壤水分因冻结不能被根系吸收，枝条的皮孔也可以直接吸收水分，保证枝条不会因得不到根系吸收水分的供应而抽干（冻旱）。其次，生长季的空气湿度也决定了病虫害的严重程度，空气湿度越大，往往病害发生越严重。为了降低葡萄的病害，树形也往往比较高大，特别是主蔓距地面较高，这样增加了通风带高度，减少了叶幕的空气湿度，降低了病害发生。最后，温度和水决定了埋土与否，只要埋土，就需要宽行距，一是行间取土需要，二是防止取土后侧冻。

光照影响植物的光合作用。光是植物光合作用必不可少的能源条件，同时太阳辐射把土壤和植物加热后，贮藏的能源也是热量的来源。葡萄是喜光植物，叶片总是以上表面垂直朝向光线。良好的光照保证了葡萄花芽的分化，促进了果实的着色和风味物质的积累。但大于光饱和点的光照对葡萄是没有用的，同时在夏季较热的地区，光线的直射使葡萄叶面温度升高并高于室温，一般可以高出5℃，当叶面温度超过42℃时，叶片容易变黄。红色果实在直射的情况下表面可以升高15℃，所以转色期的果实因为有较深的颜色更加容易产生"日灼"。日光充足的地区与日光不足的地区的整形和修剪方式也不完全相同。

三、实习材料与仪器

（1）材料：正常生产的葡萄园、宁夏气象资料数据库。

（2）仪器：天空辐射表和直接辐射表、土壤温湿度测量仪、风向风速仪、空气温湿度仪等。

四、实习步骤

（一）葡萄园环境调查

葡萄园环境调查内容包括气候条件和土壤条件。

（1）葡萄园所在地的气候条件。通过图书馆或气象部门查阅并收集葡萄园所在地的气象资料，主要包括：最高气温、最低气温、平均气温、生长季活动积温，无霜期初霜开始和晚霜结束时间，月降水量，年均降水量，各月日照时数及年日照时数，不同季节的风向和风速及主要的灾害性气候因素，如冰雹、大风、暴雨、极端低温或高温等出现的频率和时间等。

葡萄植株在周期发育过程中，气温的变化对植株生长发育有不同的影响。当春季气温达到 6~10℃时，树液开始流动，芽和根开始活动；10℃时芽即萌发，抽生幼梢；随着气温的上升幼梢迅速生长而且抽出花序，接着进行开花、结实等一系列生命活动；当气温逐渐下降，植株各部分组织的活动也随之逐渐减慢，然后进入休眠阶段。若气温下降迅速或提早来到，则叶片、未成熟的枝条往往被冻坏甚至死亡。在正常情况下，植株进入休眠期后，一般一年生成熟枝、芽眼能耐-15℃，老蔓可达-20℃，山葡萄则可达-40℃，但根系一般只能耐-5℃左右的低温，山葡萄的根也只能耐-9℃。因此栽培区的气温低于-15℃，土温低于-5℃时即应设法进行埋土防寒。所以，葡萄植株在各个不同物候期对温度的要求与反应有所不同。

在不同的发育期，温度对其发育进程与质量也有较大影响。例如，花期低温会延缓开花、花粉释放及花粉萌发和花粉管生长。在15℃条件下，花粉萌发进入花柱完成受精需要5~7d，如果受精过程太慢则胚珠败育，但在30℃条件下仅需几个小时。当温度高于20℃后，受精与坐果会逐渐变差。

（2）葡萄园的土壤条件。包括土壤质地、含水量、肥力等。

土壤矿物质成分对葡萄品质的影响。葡萄的生长需要矿物质的供给，主要为氮、磷、钾等，但也并非土壤富含的矿物质越多越好，如果矿物质摄取不足，葡萄植株的根会容易生病。但过多的矿物质会使葡萄植株生长得过于强壮，从而导致葡萄果实品质下降（成熟度受到影响）。

土壤透水性对葡萄生长的影响。土壤可以通过重力作用排水，因此植物为了获得水分，根部会向深处生长。透水性好的土壤（如沙地），植物的根会向更深处生长，而持水性较好的土壤（如黏土），植物的根部会在土壤表层生长。但是，最适合种植葡萄的是能够维持降雨量与排水量均衡的土壤。因此，若该地区降水较多则最好选择易渗水的土壤，反之若气候干旱，则最好选择持水性较好的土壤。

土壤温度对葡萄成熟度的影响。干燥土壤比湿润土壤更易升温，湿润土壤中的水分能让土壤保持凉爽。葡萄生根时土壤的湿度会影响葡萄的生长周期和成熟度，土壤温度越高，葡萄成熟得越快。所以，温度较高的土壤适合晚熟的品种（如'赤霞珠'），温度较低的土壤适合早熟的品种（如'梅洛'）。

（二）光照条件

光照主要是通过影响光合作用，进而影响葡萄植株生长、碳水化合物积累、潜在的果实产量和含糖量，以及相关的果实品质（如色泽）。光照因素包括光强、光质和光照时数。

光照的最大光强可以达到 2000μmol/（m²·s），而葡萄对光照的最大需要量只有 700~800μmol/（m²·s），即是葡萄的光饱和点。当光照过强（较大幅度地超过光饱和点），不但不会增加叶片的光合效能，反而会导致叶片表面温度过高而抑制光合作用，尤其是在高温和湿度胁迫的条件下。同时也会带来日灼等其他问题。当然，光照过弱则不能满足叶片进行光合作用对光的需求。葡萄的光补偿点一般为 12~70μmol/（m²·s），因品种而异。

（三）测定水量

葡萄既是喜水作物，又具有较强的抗旱能力。在没有灌溉的条件下，降水量（包括降雨与降雪）及其在一年四季中的分布直接制约着葡萄种植。在冷凉地区的干旱葡萄园，基于生长季分布与土壤持水适当的条件下，每年至少需要 500mm 的降水量，温暖气候条件下需要 750mm，如果高产，则需要更多。但是，很多优质的葡萄酒产区实际降水量要远远低于这些降水量。过大的降水量往往导致树体生长过旺，降低葡萄及葡萄酒品质，还会引发病虫害等其他问题。降水量过少，满足不了葡萄生长发育的基本需求，但是可以通过人为灌溉来解决。在任何发育时期降水分布不合时宜就会产生有害影响，如在发芽后至转色期前降水过多会导致新梢旺长，节间偏长，萌发副梢，造成叶幕郁闭遮阴；转色期至采收期（即成熟期）降水过多，不仅不利于品质形成，而且还会引起果粒迅速膨大，进而导致果穗紧、果粒破裂（裂果），继而诱发各种病害和果实腐烂，尤其是在前期相对干旱的条件下，这种情况更为严重；在采收期降水，不仅会影响品质、引发病害，还会因为土壤泥泞而影响机械化采收；冬季降水过多，尤其在冬季比较温暖潮湿的情况下，也会导致枝干病害。葡萄成熟期降水量对果实品质的影响尤其明显，苏联学者谢良尼诺夫依据降水量，结合活动积温，提出了水热系数理论。水热系数的计算公式为：

$$K=\sum P/(0.1\times\sum T)$$

式中：K 为水热系数；$\sum T$ 为温度大于 10℃时期的活动积温；$\sum P$ 为同时期的降水量。根据该理论，水热系数（K 值）表示当地水分条件满足葡萄生长发育需求的程度，当 K 值＜0.05 时，表明葡萄园需要灌水；当 K 值在 0.5~1.0 时，表明水分不足；当 K 值在 2.0 时，表面水分充足；当 K 值＞2.0 时，表明水分过量。

五、注意事项

（1）小气候是特定地点的特异性气候，受到拟选地点海拔、坡度、坡向、附近水体等因素的影响，海拔较高的地区光照更强，短波光的比例也更高，比较适合葡萄果实风味物质的合成和干物质的积累。

（2）葡萄适合种植在有一定坡度的地方，其比平原地有更好的通透性，有利于降低病害和提高品质，而平缓的山坡比相对陡峭的山坡更便于葡萄园的管理。例如，南向山坡光照充分，较适合红色品种的栽培，东向山坡次之，因其能得到上午阳光的充分照射，西向山坡更次之，因为其主要靠下午的阳光，而此时温度偏高，进行光合的条件并不是很充分；北向山坡由于光照较弱，不适合红色品种的种植，但在坡度不是特别大的情况下，可进行白色品种的种植。

（3）葡萄园附近如果有较大的水体，会对气候起到重要的调节作用，主要是减少昼夜温差、增大空气湿度等。

（4）由于葡萄易感真菌病害，因此在选择小气候时应尽可能避免可能出现较大湿度的区域，如小盆地或地势低洼的区域。

（5）在选择葡萄种植地时应考虑以下几个方面：①合理选择适宜的气候参数；②收集某一地区的气候资料；③计算或查找某一地区的年平均温度、年日照时数、年降水量、年无霜期等；④计算某一地区的活动积温、有效积温、水热系数等。

六、实习作业

（1）在葡萄栽培气候评价时，比较不同气候参数在不同气候区域的适应性。

（2）根据气象原始数据计算活动积温等指标，结合葡萄生长发育的需要，对该地区葡萄适宜性和品种选择等做出评价。

第三节　病虫害防治

一、知识概述

认识葡萄病害的发生及危害特征，初步了解其防治方法。认识葡萄主要害虫的发生特征及其为害特点，初步了解其防治方法。掌握波尔多液的配制方法，了解波尔多液的性能和喷施方法。掌握石硫合剂的熬制技术，初步了解石硫合剂的性质和使用方法。了解综合防治的概念，以及葡萄园卫生及刮树皮的内容措施及其在病虫综合防治中的作用。掌握化学防治中农药的配制方法等。

二、基本原理

植物在生活过程中，由于遭受其他生物的侵染或不适宜环境条件的影响，生长和发育受阻，致使产量降低、品质变劣，甚至出现死亡的现象，称为植物病害。植物生病后其外表的不正常变化称为症状。植物本身表现的不正常状态称为病状，病部长出的病原物的特征成为病症，病状和病症有所不同，但病状和病症具有相对稳定性，因而它们是诊断病害的重要依据。根据病原种类的不同，葡萄病害可分为非侵染性病害和侵染性病害。非侵染性病害主要包括缺素、日灼、涝害、药害、肥害等；侵染性病害则依据病原的不同分为真菌病害、细菌病害、病毒病害和虫害四大类，其中真菌病害在全球范围内对葡萄产业危害最大，造成的损失最严重。

真菌的个体很小，一般用显微镜放大 200～300 倍才能看清楚其形态和结构。真菌不能自己制造养分，而是靠寄生在活植物体上或腐生于死植物体上生活。它的营养体是菌丝，许多菌丝集合在一起时，形状好像棉絮，叫菌丝体。葡萄发病主要是菌丝侵入体内细胞间隙并蔓延，或直接侵入体内细胞吸收养料，并分泌毒素，使葡萄组织受到破坏。菌丝发育到一定程度就产生繁殖体，即分生孢子（或子实体），孢子很小、很轻，能随风传到很远的地方。上一年遗留在病株残体、土壤、粪肥或种苗上的分生孢子，经空气、风雨、昆虫和人的生产活动传播，从葡萄植株的气孔、皮孔和伤口侵入体内，导致葡萄发生真菌病害。当温度、湿度适宜时，分生孢子萌发后迅速繁殖扩展，使被害部位组织发生病症。葡萄生长发育的各个阶段均可遭受多种害虫的危害，导致品质和产量下降。可按照害虫为害葡萄的位置，把害虫分为枝蔓害虫、叶部害虫、根系害虫、果实害虫等，有些害虫为害葡萄的多个器官或组织，如绿盲蝽可为害幼嫩叶片、幼嫩枝蔓、花序、幼果等。害虫的外形虽然千差万别，但是它们有着共同的结构，大致可分为头部、胸部及腹部三部分。头部器官又包括触角、眼及口器等，是害虫的感觉和取食中心。胸部着生足和翅，是运动中心，前胸上的为前足，中胸上的为中足，后胸上的为后足。中胸和后胸背面两侧通常各着生 1 对翅，中胸上的称为前翅，后胸上的称为后翅。腹部是害虫新陈代谢和生殖中心，其末端着生外生殖器官，有些害虫在腹部末端着生 1 对尾须，一些虫类的幼虫腹部翅有腹足。

波尔多液的主要有效成分是碱式硫酸铜，喷布在植物表面后能形成一层水溶性很低的薄膜。它受到植物分泌物、空气中二氧化碳，以及病菌孢子萌发时分泌出来的有机酸等作用，逐渐游离出铜离子。铜离子进入病菌体内，使细胞中原生质凝固变性，造成病菌死亡，起到防病作用。不同植物、不同使用时期和不同的病虫害对象，配制波尔多液用的硫酸铜、生石灰的比例不同，主要有等量式、半量式、倍量式等几种，一般等量式使用较多。所谓等量式，即硫酸铜与生石灰的用量比例相等；半量式，即生石灰的用量为硫酸铜用量的1/2；倍量式，即生石灰的用量为硫酸铜的 2 倍。由于葡萄易受石灰药害，所以配制葡萄用药的波尔多液（生长期）时，石灰用量要少一些。石硫合剂原液呈枣红色，有臭鸭蛋味，强碱性，有腐蚀作用。溶液中含有多硫化钙及硫代硫酸钙，有效成分主要是四硫化钙（CaS_4）及五硫化钙（CaS_5），它们具有渗透及侵入病菌细胞壁和害虫体壁的能力。所以在喷洒时可直接杀死病菌和害虫。喷洒后，多硫化钙受到空气中氧气和二氧化碳的作用，分解成硫黄微粒和碳酸钙等，硫黄微粒对植物有保护作用。

综合防治所采取的措施极为广泛，从大的方面可以分为农业防治、生物防治、物理防治及化学防治等，但所有这些措施都是基于以下三个方面考虑的：①提高树体的抗病虫能力；②防止病原生物及害虫的传播、蔓延和侵染寄主；③创造有利于寄主不利于病原体及害虫的环境条件。

农业防治就是在葡萄的生长过程中，有目的地创造有利于葡萄生长发育的环境条件，使树体生长健壮，有利于其抗病能力的提高；同时，创造不利于病原体及病虫活动、繁殖和侵染的环境条件，减轻病虫害的发生程度。农业防治是最经济、最基本的病虫害防治方法。生物防治则是运用有益生物或其产品防治病虫害的方法。物理防治是应用热力处理、射线处理等方法来防治植物病虫害的方法。化学防治作用迅速，效果显著，使用方法也比较简单，是病虫防治中最常用的方法之一。

三、实习材料、试剂与仪器

（1）材料、试剂：葡萄植株；硫酸铜、生石灰（CaO）、硫黄、农药等。

（2）仪器：喷雾器、量桶、秤、配药桶、修枝剪、刮皮挠、扫帚、木桶（或陶缸）、木棒、碾子、波美密度计、铁锅等。

四、实习步骤

葡萄病虫害种类很多，严重地威胁着葡萄的生产。认识葡萄不同种类的病、虫及其为害特征，对病虫害的防治具有十分重要的意义。

（一）葡萄主要真菌性病害症状的判别及防治

由真菌引起的病害即真菌病害。葡萄上发生的大多数病害为真菌病害，其中发生较普遍，对葡萄为害较重的有白腐病、果痘病、霜霉病、炭疽病、白粉病、褐斑病等，在防治不力的情况下，可造成果实大量腐烂、新梢枯死、叶片早落、减产降质，因此真菌病害是葡萄病害中的重点防治对象。

观察并记载以下病害的病状和病症。

1. 葡萄白腐病 白腐病主要为害穗轴、果粒和枝蔓，也为害叶片。但常见和典型的症状是在果穗上。一般穗轴和果梗先发病，而后侵染果实。对于篱架或结果部位低的葡萄，靠近地面的葡萄首先得病。果梗或轴被侵染后，首先为浅褐色、边缘不规则、水渍状病斑，而后向上、下蔓延。得病的果梗或穗轴为褐色软腐。果粒从果梗基部发病，表现为淡色软腐，整个果粒没有光泽；而后全粒变为淡淡的蓝色透粉红色的软腐；之后出现褐色小脓包状突起，在皮下形成小粒点（分生孢子器），但不突破表皮。成熟的分生孢子器为灰白色的小粒点，使果粒发白，所以称为白腐病。白腐病侵染穗轴后，病斑下部迅速干枯，使下部果实萎蔫、不成熟、没有光泽。为害枝条，一般是没有木质化的枝条，因此新梢易受害。枯蔓受害形成溃疡型病斑。开始病斑为长形、凹陷、褐色、坏死斑，之后病斑干枯、撕裂，皮层与木质部分离，纵裂成麻丝状。在病斑周围，有愈伤组织形成，会看到病斑周围有"肿胀"，这种枝条易折断。

2. 葡萄黑痘病 黑痘病为害植株的幼嫩绿色部分，包括叶片、果粒、穗轴、果梗、叶柄、新梢和卷须。叶片发病，形成近圆形或不规则的病斑，边缘红褐色或黑褐色；病斑外有淡黄色晕圈；病斑中央为灰白色，并逐渐干枯、破裂，形成穿孔；严重时病斑会连在一起，叶脉上的病斑呈菱形、凹陷、灰色或灰褐色，边缘为暗褐色；严重时造成叶片扭曲、皱缩果粒受害，会呈褐色圆斑，类似鸟眼状，所以有时被称为"鸟眼病"。受害果实病斑，硬化或龟裂，失去食用或利用价值。果梗、叶柄、新梢、卷须受害，初期呈近圆形或不规的病斑，以后扩大为近椭圆形，病斑连接成长形或不规则形，以后灰黑色，病斑外部颜色比较深，为暗褐色或紫色，中部凹陷，之后开裂，形成溃疡斑。病梢发病严重时，生长停止或萎蔫枯死。穗轴、小穗轴受害，形成的症状与新梢或叶柄相同，会造成整穗或部分小和僵化，有不良甚至枯死。果梗受害，形成的症状与新梢相同，会造成下面的果粒干枯或脱落。

3. 葡萄霜霉病 霜霉病可以侵染葡萄的任何绿色部分或组织，但主要是叶片，也有花序、花蕾、果实、新梢等。霜霉病最容易识别的特征是在叶片背面、果实病斑，花果梗上产生白色霜状霉层。霜霉病为害葡萄叶片，初期为细小、淡黄色、水浸状的斑点，而后期叶正面出现黄色或褐色、不规则、边缘不明显的病斑，背面形成白色霜霉状物。根据叶片的病变程度，正面病斑的颜色会有不同，如浅黄、黄、红褐色；病斑的形状也有不同。

（二）葡萄主要害虫的识别与防治

虫害是为害葡萄生长发育的又一类自然灾害，但通过人为措施可以避免或降低为害程度，而认识不同虫害的发生及为害特征，正是达到该目的的必由之路。发生较普遍的、为害嫩芽和叶片的害虫有金龟子、葡萄斑叶蝉、虎夜蛾和天蛾幼虫等。透羽蛾和天牛的幼虫则蛀食枝蔓等。

调查并记载下列害虫的虫体特征及其为害方式。

1. 葡萄斑叶蝉 葡萄斑叶蝉又名葡萄二星叶蝉，在葡萄的整个生长期都能进行为害，以成虫、若虫群集于叶片背面刺吸汁液为害。一般喜在郁闭处活动取食，故为害时先从枝蔓中下部老叶和内膛开始逐渐向上部和外围蔓延。叶片受害后，正面呈现密集的白色失绿斑点，严重时叶片苍白、枯焦，严重影响叶片的光合作用、枝条的生长和花芽分化，造成葡萄早期落叶，树势衰退。所排出的虫粪污染叶片和果实，造成黑褐色粪斑。

葡萄斑叶蝉形态特征如下。卵：初为乳白色，后变为黄白色，长椭圆形，稍弯曲，长约 0.6mm。若虫：体形似成虫，初为乳白色，老熟时黄白色，体长约 2.0mm。成虫：体长 3.0~4.0mm，体淡黄白色。头顶有 2 个明显的圆形黑色斑点，复眼黑色。前胸背板前缘有 3 个小黑点。小盾片前缘左右各有近三角形的黑色斑纹 1 个。前翅半透明，黄白色，有不规则的淡褐色斑纹。

2．绿盲蝽　绿盲蝽以成虫、若虫刺吸为害葡萄的幼芽、嫩叶、花蕾和幼果，刺的过程中分泌毒质；吸的过程中吸食植物汁液，造成为害部位细胞坏死或畸形生长。葡萄嫩叶被害后，先出现枯死小点，随叶芽伸展，小点变成不规则的多角形孔洞，俗称"破叶疯"，花管受害后即停止发育，枯萎脱落。受害幼果粒初期，表面呈现不是很明显的黄褐色小斑点，随果粒生长。小斑点逐渐扩大，呈黑色。受害皮下组织发育受限，渐趋凹陷，严重的受害部位发生龟裂，严重影响葡萄的产量和品质。

绿盲蝽的形态特征如下。卵：长约 1mm，黄绿色，长口袋形，卵盖奶黄色，中央凹陷、两端突起。无附属物。若虫：5 龄，初孵时绿色，复眼桃红色。5 龄若虫全体鲜绿色，触角淡黄色。端部色渐深，复眼灰色。翅芽尖端蓝色，达腹部第 4 节。成虫：体长约 5mm，雌虫稍大，体绿色。复眼黑色突出。触角 4 节丝状，较短，约为体长的 2/3，第 2 节长等于第 3、4 节之和，向端部颜色渐深，1 节黄绿色，4 节黑褐色。前胸背板深绿色，有许多黑色小刻点。小盾片三角形微突，黄绿色，中央具一浅纵纹。前翅膜片半透明，呈暗灰色，余绿色。

（三）波尔多液的配制及使用

波尔多液作为防治植物病害的药物使用较久，杀菌力强，药效范围广，作用持久。它是由硫酸铜、生石灰和水配制而成，原料简单，成本低廉，因而在生产中应用广泛。

1．原料的选择与加工　波尔多液配制时，其原料选择极其重要，最关键的是生石灰的质量，要选用烧透的块状生石灰，去除受潮或风化的粉状石灰，水尽量用江水或河水，不要用井水和泉水。原料选择后，要分别将块状的硫酸铜、生石灰研磨或碾细。

2．配制　根据所配波尔多液的类型及数量，计算硫酸铜、生石灰及水的用量，然后将称好的硫酸铜、生石灰分别用所需水的 1/2 量溶解并盛于两个木桶（或陶缸）中，并用木棒分别将其搅匀，再将这两桶溶液同时缓慢倒入第三个木桶中，边倒边用木棒搅动，混合后再搅一会即成。注意在混合时，硫酸铜溶液和石灰乳的温度要相等，且不要高于室温，如果温度过高，化学反应进行太快，波尔多液颗粒较大，影响防病效果。

3．波尔多液的质量鉴定　配制好的波尔多液从外观上看应该是天蓝色的悬胶体，没有粗大颗粒或絮状沉淀。从酸碱性看，好的波尔多液应呈弱碱性，如果呈酸性则可能是由于石灰品质差或其他原因造成，用酸性的波尔多液喷洒植物，容易引起药害。

鉴别波尔多液是酸性还是碱性的简单方法有：①用光亮的小刀或干净的铁片（注意不要镀镍、镀铬）浸入波尔多液中片刻，取出观察刀面或铁片表面有无铜沉积（如镀了一层铜），如有铜沉积，表示硫酸铜没有完全和石灰起作用，这种波尔多液就不能使用，需要加些石灰乳使之转呈碱性后才能使用。②用石蕊试纸放入波尔多液瓶中，变蓝色即为碱性，变红色则为酸性。

（四）石硫合剂的熬制及使用

石硫合剂是石灰硫黄合剂的简称，它是用硫磺、石灰和水熬制而成的。石硫合剂兼有杀菌、杀虫作用，因此石硫合剂是植物病虫害防治中使用普遍的农药之一。

1. 原料的选择与加工 选烧透、质量好的块状石灰为原料，硫黄的纯度在98.5%以上。如果硫黄是块状，熬制前应将硫黄研细成粉，磨硫黄时，要加 1%的过磷酸钙水，以防着火。

2. 熬制 根据所熬数量，并依石灰∶硫黄∶水＝1∶2∶10 的比例分别称取各自所需数量。准备铁锅两口，一口用于熬硫黄水，另一口用于烧开水。在熬制时，先按配制石硫合剂原液所需水的量将水倒入锅内，加热，再把石灰倒进去。溶解后，把硫黄粉用少量的水化开，调成糊状倒进去，然后用木棒测量锅中的液面高度，做好标记。在熬制过程中应不断地搅拌，并经常用木棒测量药液的液面高度，补充锅里因蒸发而减少的水（加入用另一只锅烧的开水），使锅内液面保持原来的高度。煮沸后药液由淡红色变成枣红色（需煮 40～60min）即停火（新铁锅常会发黑，如发现锅开始变黑，就不要再加火了）。

注意：在按以上配方比例熬制 15min 后，反应已大部分完成，熬制 50～60min，反应充分，有效成分含量最高；如果延长熬制时间，反而会使多硫化钙分解，降低有效成分的含量。

3. 原液浓度的测定 熬制的石硫合剂冷却后过滤除去渣子后即为石硫合剂原液，石硫合剂可以盛在陶缸里，熬制的石硫合剂应测定其浓度，便于以后使用。测定石硫合剂浓度的方法常用波美密度计测定法。将波美密度计放入冷却的原液中，直接读数即可。一般按上述要求熬制的石硫合剂的浓度可达 20°Bé 以上。称重法是在缺少波美密度计时可采取的另外一种方法。取一个干净透明的玻璃瓶，称重后装入 0.5kg 清水，在瓶上做好水面标记。将清水倒出，再装入石硫合剂至标记处，然后称重，由此重量减去空瓶重量，再减去 0.5kg 水的重量，所得差数乘以 115 后得到的乘积就是石硫合剂原液的浓度。

（五）葡萄病虫害的综合防治

从农业技术、机械操作、人工防治、物理防治、化学防治等几个方面采取措施，把一种或几种主要病虫害的为害降至最低限度，而又不影响整个生态系统。综合防治是从农业生产的全局和农业生态系统的总体出发，根据病虫害发生、发展的规律，因时、因地制宜，合理运用化学防治、生物防治、物理防治等措施，经济、安全、有效地控制病虫害，以达到高产、稳产的目的，同时把可能产生的有害副作用减小到最低限度。

1. 果园卫生 搞好果园卫生是农业防治的重要措施之一，它包括清除病株残条，清扫落叶，刮除多年生树干粗皮等。①剪除病虫梢：冬季修剪中，对于病虫害为害严重的枝蔓要彻底疏掉，并收集运出园外烧毁。在生长季节对一些病虫害发生集中的枝条，也应剪除，并集中运出园外烧毁。②清扫落叶：在秋末将葡萄园所有落叶清扫干净，拉出园外集中烧毁，或作深埋等处理。③刮树皮：在冬季修剪后，对 6 年以上的大树，应将老蔓的翘皮刮除，以减少病菌、害虫的越冬场所或基数。刮树皮前先在树干周围铺一块塑料薄膜或其他铺衬物,将刮下的树皮收集。用刮皮挠(刀)将多年生蔓的老皮、粗皮刮下,刮的深度以刚露出新皮为宜,切忌过深伤及绿色的韧皮组织。刮皮后将树皮碎屑集中烧毁或深埋土中。树皮刮完后用 5°Bé 的石硫合剂渣子涂刷树干,以防感染病害,也可刮完后刷白(石灰浆)保护树干。

2. 化学防治　　农药浓度的表示及稀释方法。药剂的浓度的表示方法常用以下两种。

(1) 百分比浓度,即 100 份药液(或药粉)中含农药的份数,单位是%。百分比浓度又分质量百分比浓度和容量百分比浓度。固体药剂之间或固体与液体的药剂相配合,常用质量百分比浓度。液体药剂之间相配合常用容量百分比浓度。

(2) 百万分浓度,即 100 万份药液(或药粉)中含农药的份数。采用的方法为倍数法。倍数法指药液(或药粉)中稀释剂(水或填充料等)的量为原农药加工品的多少倍。倍数法一般不能直接反映出农药有效成分稀释倍数的大小。倍数法又分为内比法和外比法。内比法,用于稀释 100 倍或 100 倍以下的药剂,计算时要扣除原液剂所占的一份,如稀释 50 倍,即用原药剂 1 份加稀释剂 49 份。外比法,用于稀释 100 倍或 100 倍以上的药剂,计算时不扣除原药剂所占的一份,如稀释 500 倍,即用原药剂 1 份加稀释剂 500 份。

另外,也可以将农药混合使用。在病虫的化学防治中,经常需要一次喷药达到病虫兼防,或者农药与肥料混合施用。遇到这种情况时,一定要注意两种或多种农药的相互性质。一般来说相混的农药之间或农药与肥料之间不应发生化学反应,一旦发生化学反应,则农药失效,如酸碱性质不同的农药(或肥料)不能混用。另外,相混的农药(或肥料)相互之间要有良好的互溶性。

农药的施用方法较多,葡萄上以喷雾法最为常见。喷雾装置有人工小型喷雾器和机动大型喷雾装置。喷药防治,尤其是预防病害喷药雾点要细,注意提高喷药质量,特别在预防各种果穗病害时,更要着重喷布果穗、果粒。对全园来说,力求每株、每枝都要喷到,不留死角。为了提高药效,喷药前在药液中加一些展着剂,可以促使药液在植物体表面有良好的黏着能力,特别在雨水较多的季节或年份尤显重要。常用的展着剂有洗衣粉、皮胶等。对于毒性较大的一些农药(如某些杀虫剂),在喷施中要戴手套、口罩等,操作时人不要逆着风向,喷完后要及时更换衣服和用肥皂洗净双手,以防农药中毒。在冬剪后与发芽期用机械喷药时,应采用单喷头、细喷雾口,以节约用药并提高效果。

五、注意事项

(一)石硫合剂喷施的注意事项

由于葡萄生长期对石硫合剂比较敏感,易发生药害,所以在生长期应尽量避免使用,或使用低浓度的石硫合剂喷洒,但在休眠期(落叶后到早春萌芽前)可应用。石硫合剂是强碱性药剂,不能和忌碱药剂混用,也不能和肥皂和波尔多液混用。在用过石硫合剂的植株上,隔 7~10d 才能喷施波尔多液。石硫合剂原液有腐蚀作用,如果溅在皮肤或衣服上要及时用水冲洗。石硫合剂要用陶器贮存,不能用铜、铝等器具存放。

(二)波尔多液使用的注意事项

波尔多液是一种保护性杀菌剂,要在植物发病前或发病初期喷施效果才好。喷施波尔多液时，要求雾点不能太大，在叶面的着药量不能过多，以没有多余的药液从叶面流下为度。如果叶面聚积药量过多，也会造成药害。施药后，如遇大雨，天晴后要补喷。波尔多液不能久放，要现用现配，使用时要不断搅拌，以免浓度不匀。果品在采收前15～20d不能使用波尔多液，以免污染。波尔多液为碱性药剂，不能和忌碱药剂混用，也不能和石硫合剂混用。天气阴湿时使用波尔多液易产生药害，因葡萄叶面有水分，水滴中溶有二氧化碳和植物分泌的有机酸，会导致波尔多液中的有效成分碱式硫酸铜转变而引起药害。故在天气潮湿的季节使用波尔多液时，可适当加大生石灰的用量。使用过波尔多液的喷雾器要及时用水洗净。

六、实习作业

（1）通过病害的调查识别，你认为识别病害应该从哪些方面着手？
（2）害虫识别应当包括哪些主要内容？
（3）描述你所调查的葡萄害虫的发生及为害特征。
（4）配制优质的波尔多液的关键是什么？
（5）熬制石硫合剂的要点是什么？
（6）搞好果园卫生为什么能起到防治病虫害的作用？
（7）请列举葡萄园中常见的病虫害类型，并一一对应提出解决方案。

第四节 土 壤 管 理

一、知识概述

土壤是葡萄生长发育的基础，它为葡萄的生理过程提供必要的水分和营养，因此，土壤的结构及其理化特性与葡萄生产有着密切的关系。土壤状况在很大程度上决定葡萄生产的性质，植株的寿命，果实的产量、质量及葡萄酒的质量与风格。土壤管理的目的就是通过对土壤水分和物理、化学特性及杂草竞争的影响的调控，为葡萄的生长发育和栽培管理提供良好的条件。

二、基本原理

土壤耕作的方式大体分为深翻、耕翻和中耕三类，其区别在于耕作深度的不同。深翻的耕作深度为80～100cm，耕翻的深度为20～30cm，中耕的深度为6～10cm。合理的耕作会改善土壤水分、养分、温度和空气状况，促进土壤微生物的活动。给根系生长创造良好的条件，促进根系向纵深伸展，同时能促进地上植株的生长，使树体健壮、叶片的光合作用加强，从而提高浆果品质和产量，也会增强植株抗寒与耐旱能力。不同的耕作方式每年进行的次数和时期有所不同，一般深翻次数最少，几年进行一次，而耕翻每年进行一两次，中耕每年可进行多次。土壤管理包括以下内容。

1. 清除杂草 清除杂草主要分为人工除草和化学除草两种。人工除草就是用锄等工具切断杂草根系或对杂草遮光处理，使杂草无法生长。化学除草就是将化学药液（或粉剂）喷洒在地面或杂草上，从而杀伤杂草，达到清除杂草的目的。使用除草剂时，要针对园内主要杂草种类选用合适类型的除草剂种类，并根据除草剂效能和杂草对除草剂的敏感度和忍耐力确定适当的浓度和喷洒时期。喷洒除草剂之前，应先做小型试验，然后再大面积使用。

2. 肥料管理　　肥料种类很多，但根据所含成分的不同，分为有机肥和无机肥（或矿质肥料）两大类。有机肥是能供给树体多种养分的基础性肥料，如堆肥、圈肥、绿肥、作物秸秆、杂草、枝叶等，这些肥料在施入土壤后，分解缓慢，肥效可在较长时期内不断供给树体营养元素。无机肥可分为氮肥（如尿素、碳酸氢铵等）、磷肥（过磷酸钙）、钾肥（如氯化钾、硫酸钾等）、复合肥、微量元素肥料等，这些肥料肥效较短，能够很快被树体吸收利用，一般作为追肥（当树体需肥急迫时期必须及时补充的肥料）施用，或与有机肥配合做基肥施用。

施肥时期是合理施肥技术的关键因素之一。时间选择得当会充分发挥肥料的营养作用，反之则会降低肥效，甚至会对树体起到有害作用。例如，秋季过多施用氮肥，会造成徒长，而不能及时停止生长则会造成树体在冬季抗寒性减弱，易发生冻害。对于葡萄来说，基肥宜于早秋施，此时正值葡萄根系第二次生长高峰后期，伤根容易愈合，切断一些细小根，起到根系修剪的作用，可促发新根。另外，早秋时节也是地上部的新生器官逐渐停止生长的时期，所吸收的营养物质经光合作用，以有机营养积累为主，可提高树体贮藏营养的水平，为第二年开花、结果和丰产奠定基础。葡萄追肥的关键时期（合理施肥时期）有：①催芽肥，在早春萌芽前施肥。②催条肥，在萌芽后开花前施肥。③催果肥，在葡萄浆果膨大时期施肥。④催熟肥，在果实着色时期施肥。

施肥量是合理施肥技术的又一主要因素。葡萄是多年生植物，每年施肥量的多少，涉及植株本身及外界条件等多方面因素，如品种、树龄、产量、土质、肥料性质及质量等。施肥过多造成浪费，甚至会起到有害作用；施肥太少，则不能满足树体的生长需要。施肥量的确定有以下原则：①确定施肥主次。应以基础为主，追肥为辅；根部施肥为主，根外追肥（叶面施肥）为辅；农家肥为主，化肥为辅。②看树施肥。大树多施，小树少施；弱树多施，壮树少施；结果多的多施，结果少的少施。③看地施肥。瘠薄土壤多施，肥沃土壤少施；山地沙荒地多施，平地可少施。④看肥料性质和质量。氮、磷、钾等大量元素肥料可多施，微量元素少施；农家肥的养分含量较低可多施，化肥的养分含量较高宜少施。

3. 水分管理　　合理灌水包括灌水时期、灌水量及灌水方法。在生产中，确定合理的灌水时期主要有物候期法和土壤含水量法。物候期法简单，容易掌握；土壤含水量法较难掌握，但较前者更为客观合理。葡萄关键的灌水物候期有：①催芽水，葡萄萌芽前结合施肥灌水，使树体有良好的营养状况。对萌芽及花芽的进一步分化有重要作用。②催花水，在开花前 10d 左右灌水，以满足新梢和花序生长的需要，为开花坐果创造良好的肥水条件。③催果水，使果实迅速膨大，着色良好。④下架水，采收后灌水，树体正处于营养物质积累阶段，对次年的生长发育有很大作用。⑤封冻水，于土壤结冻前灌一次封冻水，对树体越冬甚为有利。最适的灌水量应在一次灌溉中使树体根系分布范围内的土壤湿度达到最有利于葡萄生长发育的程度。只浸润表层或上层根系分布的土壤不能达到灌水效果，且由于多次补充灌溉，容易引起土壤板结、土温降低，因此必须一次灌透。

三、实习材料、试剂与仪器

（1）材料、试剂：栽培管理正常的葡萄园；硼砂、草木灰、氧化钾等。

（2）仪器：犁、耙、锹、旋耕机、深翻机、除草器、施肥机、喷药机等。

四、实习步骤

（一）土壤耕作

1. 深翻 总的来说一年四季均可进行深翻，但还应根据具体情况，因地制宜适时进行，并结合适当的施肥措施，才会收到良好的效果。深翻可以分为以下几个主要时期。

（1）秋季深翻。一般在果实采收前结合秋施基肥进行。此时地上部生长较慢，养分开始积累，同时正值根系生长高峰，伤口容易愈合，并可长出新根。如结合灌水，可使土粒与根系迅速密接，有利于根系生长。因此秋季是适宜葡萄深翻的时期。

（2）春季深翻。在春季解冻后及早进行。春季土壤化冻后，土壤水分向上移动，土质松软，操作省工。北方多春旱，翻后须及时灌水。早春多风地区，蒸发量大，深翻过程中应及时覆盖根系，免受旱害。风大干旱缺水和寒冷地区不宜春翻。

（3）夏季深翻。夏季深翻在根系前期生长高峰过后，北方雨季来临前后进行。深翻后，降雨可使土粒与根系密接，不致发生吊根或失水现象。雨后深翻，可减少灌水，土质松软，操作省工。但夏季深翻如伤根过多，会影响果实品质和成熟，故一般结果多的大树不宜在夏季深翻。

（4）冬季深翻。冬季深翻在入冬至土壤封冻前进行，操作时间较长，但深翻时要及时盖土保护根系，以免冻根。翻后如墒情不好，应及时灌水，使土壤下沉，防止漏风冻根，并使土粒与根系密接，北方寒冷地区一般不进行冬季深翻。

2. 深翻方式 ①深翻扩穴：又叫放树窝子。幼树定植数年后，再逐年向外深翻扩大栽植穴，直至株行间全部翻遍为止。行穴深翻每次用工量少，但每次深翻范围小，需3或4次才能完成全园深翻。②全园深翻：将栽植穴以外的土壤一次深翻完毕。这种方法一次动土量大，需工较多，但深翻后便于平整土地，有利果园耕作。③隔行深翻：即隔一行翻一行。隔行深翻全园需2次即可完成。每深翻一次，只伤一侧根系，较一次全部深翻伤根少，对树体生育影响较小。深翻范围可根据行间大小和根系分布范围而定，但一般都要离植株50cm（篱架）至80cm（棚架）左右，以免损伤根系过重。

（二）杂草管理

葡萄生长期清除杂草是一项重要的田间管理工作，杂草与葡萄争夺土壤水分和养分。此外，杂草生长快，高秆杂草严重遮光，影响通风，从而为葡萄病害的流行和虫害的发生提供了有利条件，因此清除杂草在葡萄土壤管理中占据重要的地位。

1. 清耕法 即除去杂草，兼中耕疏松表土的作用。

2. 敷草法 杂草生长茂盛期以作物秸秆（如豆秆、麦秆、稻草及其他绿肥秸秆等）在葡萄植株的行间铺设10cm以上，严密覆盖土壤，使杂草无法生长。地表敷草除了抑制杂草生长外，在夏季还可以降低土温，避免根系日灼伤害。防止土壤水分蒸发，缓和旱害，减少土壤淋失。至9~10月秸秆腐烂，即可耕埋土中，增加土壤有机质的含量。

3. 生草法 在葡萄行间种草或种植豆科植物，如百子菜、绿豆、豌豆等。在生长期多次割草，保持草高在一定限度，地面形成较厚的草皮层。对于豆科植物，可在夏季将其翻入土壤中作绿肥，以增加土壤有机质。生草法不仅可以减少杂草丛生。保持土壤湿度，还能作绿肥，提高土壤肥力。但是，采用此法通常需要施入更多的速效肥料。

4. 覆地膜　沿葡萄行间覆盖地膜，可以提高地温，保水保肥，促进葡萄生长和发育，降低葡萄病害的发生。特别是在山区，容易缺水干旱，早春浇灌发芽水后，及时沿葡萄树行两边铺设地膜，中途不提膜，保水效果好。

5. 免耕法　指不用人工或机械进行除草，而采用除草剂除草。使用除草剂要除早除小，在杂草1 3叶期喷布，浓度低，用药省，效果好。喷布除草剂，要在叶面露水已干，无风的晴天进行。刮大风不易喷药，以免雾点沾污葡萄，引起药害。喷药时气温越高，杀草效果越好，晴天喷药比阴天效果好；地面湿润时喷药比土壤干燥时效果好，加用0.1%的洗衣粉，有增效作用。

（三）施肥

肥料被喻为植物的"粮食"，它是提高葡萄浆果产量的物质基础之一，合理施用有机肥料和化学肥料，对于提高单位面积产量和土壤肥力起着重要作用。肥料不仅能给植物提供营养物质，促进植物新陈代谢，还能改善土壤结构，协调土壤中水、肥、气、热条件，有利于植物生长发育，因此施肥是园田管理中的重要环节。

葡萄施肥量的确定，从理论上讲，施肥量＝（植株吸收量－天然供给量）/肥料利用率。植株的吸收量与品种、栽培条件、植物状况、对产量和品质的要求等有关。根据国内外的研究，葡萄对氮、磷、钾的吸收比率大多在1∶（0.3～0.5）∶1。每生产1000kg葡萄，对各营养元素吸收量为氮5～10kg、五氧化二磷2～4kg、氧化钙5～10kg、氧化镁3kg、硫1.5kg。

1. 土壤施肥（根部施肥）

（1）条沟施法。根据树龄大小和根系分布情况，距根干0.5～0.8m向外挖宽、深各约40cm的长沟，施入肥料，或将肥料与土拌匀后施入沟内，然后覆土，此法适用于成年树的基肥施法。

（2）全园撒施法。先将肥料均匀撒于果园中，然后将肥料翻入土中，深度约20cm。当成年树根系已布满全园时，用此法较好。

（3）注入施肥法。即将肥料注入土壤深处。可用土钻打眼或施肥枪，深度以根系分布最多的部位为宜，然后将化肥稀释后注入穴内。适用于密植园。

（4）穴施法。于架面（棚架）下或架面（棚架）附近挖若干孔穴，穴深20～50cm。在穴内施入肥料。挖穴的多少，可根据架面及施肥量而定。此法用于追施磷、钾肥或干旱地区使用。

（5）环状施肥法。于架面下距树干一定距离（1.5m左右）的地方，挖一宽30～60cm，深30～60cm的环状沟，将肥料撒入沟内或肥料与土混合撒入沟内，然后覆土，此法适于株行距较大的棚架园。

（6）放射状施肥法。于架面下距树干约1m处，以树干为中心向外呈放射状挖4～8条沟，沟宽30～60cm、深15～60cm。距树干越远，沟越要逐渐加宽加深，将肥料施入沟内或与土合施入沟内，然后覆土。此法适于成年树棚架园内。

（7）压绿肥。凡是用作肥料的绿色植物体均称为绿肥。常见的绿肥作物有紫云英、苜蓿等。压绿肥的时期一般在绿肥作物的花期为宜。压绿肥的方法是在地间或株间开沟，将绿肥压在沟内，一层绿肥一层土。压后灌水，以利于绿肥分解。

2. 根外追肥（叶面施肥） 将矿质肥料或易溶于水的肥料，配成一定浓度的溶液喷布在叶面上，利用叶面吸收。一般矿质肥料、草木灰、腐熟的人尿、微量元素、生长素均可采用根外追肥。此法简单易行，用肥量少，发挥作用快，可随时满足树体需要。还可与防治病中的药剂混合使用，但要注意混合后无药害并且不减效。

根外追肥的使用浓度应根据肥料种类、气温、品种等条件而定，使用前可做小型试验。一般施用浓度为：尿素 0.3%～0.5%，过磷酸钙 1%～3%浸出液，硫酸钾或氧化钾 0.5%～1%，草木灰 3%～10%浸出液，腐熟人尿 10%～20%，硼砂 0.1%～0.3%。根外追肥的时间最好在选择无风较湿润的天气进行。在一天内则以傍晚进行比较好。喷施肥料要着重喷叶背，喷布要均匀。

（四）土壤灌溉与排水

1. 灌水 葡萄园的水分管理，不仅影响当年的生长结果状况，也影响次年的葡萄生长结果情况，随着时间的推移，还影响树体的寿命，所以，水是葡萄生长健壮、高产、稳产、丰产和长寿的重要因素。

（1）沟灌。在行间开灌溉沟，沟深 20～25cm，并与肥水道相垂直，灌溉沟与肥水道之间有微小的比降。沟灌法的优点为灌溉水经沟底和沟壁渗入土中，全园土壤浸湿较均匀，水分的蒸发量与流失量均较少，此法用水经济，可防止土壤结构的破坏；有利于土壤通气及微生物的活动；减少园中平整土地的工作量，便于机械化耕作。

（2）土分区灌溉。把葡萄园划分成许多长方形或正方形的小区，纵横做成土埂，将各区分开。此法灌水速度快，但破坏土壤结构，易使土壤表面板结，同时也费工，有碍机械化操作。

（3）穴灌。在架面下或架面附近挖穴，将水灌入穴中，以灌满为度。此法用水较为经济，在水源缺乏的地区采用此法为宜。

（4）喷灌。把水喷成细小水滴再落到地面，像降雨一样的灌水方法。

（5）滴灌。是机械化与自动化的先进灌溉技术，是以水滴或细小水流缓慢地施于葡萄根域的灌水方法。该法可结合施肥进行，即水肥一体化操作，具有省水、省肥、省工等优点，具体施肥和浇水量根据地块土壤及天气等情况决定。

2. 排水 由于我国北方大部分地区夏季雨水比较集中，降雨强度大时，易造成园田积水，抑制根系的呼吸甚至造成根系死亡。因此，按照园田的地势和走向，每隔 30～50m 挖一排水明沟进行排水，通常排水沟可与道路或防风林带结合，多数是排灌两用。

五、注意事项

（1）埋土时间一般在土壤封冻之前，过早、过晚埋土都不好，最晚在 11 月中旬前完成。

（2）土壤耕作能够调节土壤的物理性质（如持水力、透气性等）、化学性质及生物特性；除此之外，还能够控制杂草的生长、防治病虫害的发生、调节葡萄植株各时段的生长发育。

（3）葡萄能否安全越冬，除与品种自身抗低温能力相关外，也受到栽培地冬季极限低温的影响。我国北方葡萄产区因冬季极端气温较低，葡萄不能自然越冬，需要借助埋土或覆盖等防寒措施才能越冬。葡萄埋土防寒成为我国酿酒葡萄产区所采用的常规管理措施，这一特殊种植方式，使该区内葡萄栽培管理技术具有显著的地域特征，因此，我国虽然引进世界其他产区知名的优质酿酒葡萄品种，但不能完全照搬世界其他葡萄产区的管理技术。

六、实习作业

(1) 土壤耕作有何意义？各种土壤耕作方法都有何作用？
(2) 杂草对葡萄园有哪些危害？
(3) 比较不同除草剂的优缺点。
(4) 施肥有何意义？为什么说施肥时期和施肥量是合理施肥的重要内容？
(5) 基肥与追肥各以何种施肥方法为好？
(6) 确定葡萄园是否需要灌水的最佳方法是什么？
(7) 描述并评价你所见到的灌水方法的优缺点。

第五节　水　肥　管　理

一、知识概述

　　成年葡萄树每年要吸收土壤中一定量的矿质元素，在自然状态下，果实、叶片落在地上后腐烂，各种矿质元素又回到土壤中，并提高了有机质含量。但在人为因素下，葡萄园内有机质和无机元素不断减少，首先形成果实、枝条、叶，被带出葡萄园，园内有机质得不到有效补充；其次在降雨或浇水过多的情况下，土壤淋溶作用带走矿质元素（这是我国肥料利用率低，造成土壤面源污染的主要因素，特别是在漏水漏肥的沙石土中）。经过一定年限的葡萄园如果不适当施肥以补充这部分消耗的营养，葡萄园土壤会越来越贫瘠，有可能导致缺素症。最后，为了保证土地持久性，我们在采收果实后应及时补充营养元素，要充分养好土地，以后才能有更好的收获。

二、基本原理

　　葡萄园的合理有效施肥，需要综合考虑葡萄的需肥规律、需肥时期、需肥种类、需肥量、土壤中营养元素和水分的变化规律，以及肥料的性质等方面因素。适期（施肥期）、适量（施肥量、施肥种类）、适法（施肥方法）地进行，从而最大限度地满足葡萄对营养的需求，最终提高葡萄的产量和葡萄果实的品质。

　　葡萄适应性较强，但葡萄对立地条件和生态气候有较严格的要求。其中，水分是立地条件和生态气候中的主要组成成分之一，也是葡萄生存的重要因子。水分在葡萄生命活动中有重要作用。葡萄会不断地从土壤中吸取水分，以保持生长时的正常含水量。葡萄花期遇雨会影响授粉受精，容易出现大小粒现象，也容易引起枝蔓徒长，严重影响花粉萌发，造成落花落蕾而减产。浆果着色期要适当控水，浆果成熟期水分过多（或降雨）会影响着色，降低品质，还易发生炭疽病和白腐病等，有些品种还易出现裂果现象。

三、实习材料、试剂与仪器

(1) 材料、试剂：葡萄园土壤；碳酸氢铵、硝酸铵、尿素、过磷酸钙、磷酸二氢钾。
(2) 仪器：剪刀、卷尺、耙、锹等。

四、实习步骤

（一）施肥管理

1. 葡萄园基肥　　基肥通常使用沟施或配合深翻施入，葡萄的根系是吸收能力最强的部位，比叶面吸收要强，所以土壤施肥是主要方式，施肥的深度、位置与质、架、树龄等有关。先行在行间挖沟，将基肥施入，施肥沟要每年换位置。在施肥后要浇充足的水，让根系可以很好地吸收。施肥量根据产量来决定，通常是一斤果一斤肥。基肥的施用时期有落叶后至土壤封冻前（10月中旬至11月下旬）和早春土壤解冻后至萌芽前（3月中下旬），以秋季施用最好。

秋施基肥的主要优点是：①施肥断根（表层根）可抑制徒长，促进根系向下延伸，有利于晚熟品种果实后期发育和营养物质积累；②此期正值养分回流、根系第二次生长高峰期，有利于新根生长；③此期地温尚高，有利于有机肥分解，当年即可利用一部分，对提高树体贮藏营养和越冬大有益处。

施基肥应注意的问题：①基肥要充分腐熟，并且要与土壤充分拌匀，两次基肥不应施在同一处；②挖沟或挖穴时，尽量避免伤害较粗的根系；③施基肥时，结合土壤中各种营养元素含量的测定，适量增施土壤中含量较少的营养元素，以防止发生缺素症；④施肥后要及时浇一次透水；⑤掌握合理的施肥量和养分的平衡，注意各营养元素之间的相互作用与相克作用。

2. 葡萄园追肥　　追肥分为根部施肥和根外追肥（即叶面追肥），前者一般一年需追施4次。一般在发芽前15~20d，追肥以氮肥为主，结合少量磷肥类，亩施尿素5~10kg（或碳酸氢铵20~30kg）、过磷酸钙15~30kg。有春旱的地方结合施肥灌足1次水，或用成功1号有机液肥每亩地灌注8~10L。

果实膨大肥：盛花后10d，全园施1次氯、磷、钾复合肥，亩施复合肥15~20kg，若结合稀粪水或腐熟蓄水更好，可开浅沟浇施，分2次施入，也可在雨前撒施根部周围后适当浅垦，使化肥渗入土壤。

着色增糖肥：以钾肥为主，每亩用硫酸钾15~20kg，可浇施，亦可撒施浅耕。叶面追肥作为根部追肥的一个重要补充，主要在新栽苗上应用，多年生应用较少。要灵活运用，针对葡萄生长发育的不同阶段，结合对枝叶及生长势的观察，随时调整追肥种类及浓度，可迅速治疗葡萄缺素症，增加叶绿素含量，提高光合作用能力。一般叶面追肥结合植物生长调节剂混合喷施，效果较好。

（二）水分管理

1. 催芽水　　一般出土上架后，萌芽前结合施肥灌一次透水，使树体有着良好的营养状况，对萌芽及花芽的进一步分化有重要作用。

2. 催花（枝）水　　在开花前10d左右灌水，以满足新梢和花序生长的需要，为迅速建立良好的叶幕和开花坐果创造良好的肥水条件。

3. 采后水　　采收后灌水，树体正处于营养物质回流阶段，结合秋施肥进行灌水，与下一年的葡萄生长及果实发育关系很大。

4. 封冻水　　在埋土前灌一次封冻水，和第一次出土后一样要灌透，然后埋土，有利于葡萄根系安全越冬。控水期主要在果实膨大期，此时根据情况适当控水可以使果实较小；转色期也可适当控水,有利于转色期果实着色,诱发色素;成熟期要严格控水,有利于果实的成熟。

上面提出葡萄需水和控水关键时期,在实际灌溉时不能完全照搬其他园或历年灌溉经验,应由土壤墒情来确定,土壤墒情则受天气情况、土壤类型及灌水方法等影响。如遇大雨要及时排水,遇干旱随时灌水。保水能力弱的沙质土壤要多次少量,而壤土等保水能力强的土壤,要间隔时间长些。而采用滴灌的可以增加灌溉次数,减少每次的灌溉量。现在可以在田间安装土壤湿度计或张力计测量土壤含水量或土壤水势,实现科学灌溉。

（三）苗圃的土肥水管理

1. 苗圃灌水　　葡萄繁殖材料（插条或嫁接体）种植到苗圃以后至新的根系生长出来以前要防止土壤干旱,一般每隔7d左右浇一次水。待新梢长到10～20cm后,每15d浇一次水,新梢长至30～40cm后,每20d浇一次水。但应根据具体土壤墒情灵活确定具体浇水量,如黏重土壤应减少浇水次数,否则会因浇水过多使土壤湿度和黏度过大,使土温较低,透气性变差而影响葡萄的生长。在雨季,为了使苗木能充分成熟,做好越冬准备,不仅不宜灌水,而且应注意排涝。

2. 苗圃施肥　　苗木生根以后需加强施肥管理,施肥方式可土施或结合根外追肥。施肥基本可以在以下几个时期进行。

幼苗长至 8 片左右,叶片处于快速生长期时进行第一次施肥,可选用稀薄的大粪水或碳酸氢铵、硝酸铵、尿素等速效肥料,使用碳酸氢铵等化肥时可采取浅沟施的方法。如采用根外追肥可结合喷药喷施 2 次 0.5%的尿素。

一个月后可再追一次肥。这次追肥要以磷、钾（如过磷酸钙、草木灰等）为主。在北方寒冷地区,幼苗容易遭受霜冻危害,要注意少施氮肥,适当多施些钾肥（草木灰等）,以增强幼苗的耐寒力。如采用根外追肥,可喷施 2 次 0.3%磷酸二氢钾。在生长期较长的地方,对长势较弱的幼苗,在 7 月间还可补施一次速效氮肥,促其生长,但不可用量太多,以防贪青徒长。一般6月上旬至7月下旬施2次氮肥,8月中旬后可施1或2次磷、钾肥,每次 15～225kg/hm^2。

如采用水肥一体化的滴灌方式,可在泄水同时适时施入所需肥料。方法为幼苗期可10～15d 滴水一次,每次 5～7h,之后当苗木进入夏季快速生长的需水高峰期,应 5～8d 滴水一次,每次 8～10h,且可根据需要在施肥罐中加入尿素或磷酸二氢钾。生长后期根据气温变化适当控水,逐步减少滴水次数,缩短滴水时间,促进枝条成熟。

目前滴灌水肥一体化施肥技术在各产区得到了推广,该法具有省水、省肥、省工等优点,对于实行滴灌的葡萄园可以按表2-1进行水肥一体化施肥浇水,具体施肥和浇水量根据地块土壤、天气情况决定。

表 2-1　水肥一体化施肥浇水方案

生育期	灌水量/[m^3/(亩·次)]	灌水次数	灌水小计	水溶肥/(kg/亩)	滴肥次数	施肥时间
出土	30	1	30	5	1	4月10日
萌芽	15	2	30	5	1	4月25日
开花	15	2	30	5	1	5月10日

续表

生育期	灌水量/[m³/(亩·次)]	灌水次数	灌水小计	水溶肥/(kg/亩)	滴肥次数	施肥时间
初果	15	1	15	5	1	5月25日
果实膨大	20	4	80	5	1	6月10日
着色	15	4	60	5	1	7月25日
埋土	30	1	30	0	0	11月1日
合计		15	275	30	6	

全营养水溶滴灌肥（含 N、P、K＞50%，Ca、Mg、S＞15%，微量元素＞0.5%），根据 600～1000kg/亩产量预期，全生育期施肥量 20～30kg。

3．断根 枝条的接口或接穗如果发根，则使砧木的根系发育受到影响。为了保证砧木根系生长良好，在 7～8 月需要对嫁接苗进行两次断根处理。断根时，把接口以上的土扒开，把发自接穗或接口处的根剪去，然后再培上土。培土不要太厚，以免适宜的湿度使新根很快长出。

4．中耕除草 苗圃中应及时进行中耕除草，萌芽初期，在地膜未破以前，若草顶起地膜，可及时用土压膜。6 月中旬以后，视草情及时拔除或中耕，以免草苗齐长，影响苗木生产，但应防止破坏苗木。在整个生长期中，中耕次数可根据杂草生长及土壤情况灵活掌握。

五、注意事项

（1）叶面追肥应注意：晴天宜在晨露干后，上午 10 点前，下午在 4 点后喷施；最好选择无大风的阴天，注意尽量喷施在叶背处；喷施雾滴要细，喷布周到；叶面追肥可结合病虫害防治药剂混合喷施。

（2）早期丰产栽培技术最关键的是肥水管理，在 6～7 月，当苗高在 0.4～0.5m 时追肥 2 或 3 次，间隔 20～30d，由于定植苗木根系很小，吸收营养元素量也较少，因此，要少量勤追，前期追施以氮肥为主，后期追施以磷钾肥为主，追肥后要及时灌水、松土、中耕除草，也可结合灌水、中耕施入。

（3）"活不活在水，壮不壮在肥"，水分是苗木成活的关键。如果覆膜，开始可不灌水，以便膜下地温升高，加快生根，以后可根据天气、土壤类型、地墒情况每月灌水 1 或 2 次，灌水时间一般在早晨或傍晚。如大水漫灌，待水干（可以下地干活为准）后，用喷雾器及时洗去苗上的泥土。

（4）如果未覆盖地膜，定植后浇水要勤，应视天气干旱情况每 5～7d 浇一次小水，同时每次浇水都要结合松土。如遇暴雨，应及时排水，雨后及时中耕。如果幼苗生长不壮，要少量多次追施以氮为主的肥料，可以使幼苗长势良好，提早结果。

（5）8 月中旬后，一般不再灌水、施肥，以利枝蔓老化，芽体充实饱满。

六、实习作业

（1）简述苗木的土肥水管理措施与成龄葡萄园的区别及原因。

（2）请结合葡萄园的实际情况，制订一套合理的水肥管理方案，并解释原因。

第三章 葡萄酒酿造实习实践

第一节 葡萄的成熟与采收

一、知识概述

（一）葡萄的成熟

在葡萄成熟时，适时采收可使葡萄的颜色、香气、含糖量和含酸量等一系列指标达到平衡，从而有助于提高葡萄酒的质量。但是，目前由于多种原因，酿酒葡萄有被早采的趋向。当然对于秋季多雨的地区，延迟采收会导致葡萄的霉烂。

葡萄浆果从受精坐果后开始生长，直到其成熟状态，伴随着体积增大的同时，发生外形和生物化学上的变化：绿色逐渐消失，颜色开始改变，红色品种浆果开始着色，白色品种浆果的绿色减退、变浅、变黄；果实中的不溶性原果胶转变为果胶而使果实由硬开始变软，果粒再次膨大，在成熟时多汁；化学成分在本期开始时迅速变化，然后变缓；总酸下降，糖、酚类物质（单宁、色素）和芳香物质上升。

成熟期开始的标志是转色期。成熟期既是果实成熟的过程，也是果实体积变大的阶段。这个时期的显著变化是果粒变软、颜色变化、糖分积累、酸度下降和酚类物质的积累等。每个果粒糖的积累量因果粒大小而异，从小果粒每天每粒积累 5mg 到大果粒每天每粒 50mg 不等。糖分是葡萄果汁中可溶性固形物的主要成分（90%），而大约 99% 的糖分是葡萄糖和果糖。在果实的成熟过程中，葡萄糖和果糖的比例关系发生着特征性的变化。在转色期，葡萄糖含量显著高于果糖，随后两者差异逐渐减小，在成熟时趋于相同，一旦过熟，果糖含量将反超葡萄糖。葡萄中的有机酸主要是酒石酸和苹果酸，两者合占 90% 以上，还有少量的柠檬酸和其他有机酸。

转色期以前是有机酸合成积累的主要时期，到转色期，有机酸是果实的主要成分。转色期以后，有机酸下降。酒石酸主要是在浆果生长发育的早期生成，随后其含量相对稳定，即使在成熟期会有微小的下降也不明显；苹果酸在接近转色期时大量积累，能够达到 10～20g/L，通常高于酒石酸，而转色期以后呈现显著的下降趋势。转色期后有机酸的下降主要是 3 个因素共同作用的结果，即苹果酸的呼吸消耗、果实膨大对有机酸的稀释和部分有机酸与钾等结合形成有机酸盐。在果实的成熟过程中，酚类物质、挥发性风味物质、含氮化合物、维生素和矿质元素都发生相应变化，对葡萄酒酿造均有一定的影响。

（二）浆果生长阶段

浆果的整个生长发育过程可分为以下 3 个阶段。

1. 绿果期 坐果以后，幼果迅速生长、膨大，并保持绿色，质地硬，具有叶绿素，能进行同化作用，制造养分。在这一时期，浆果表现为生长的绿色组织。

2. 成熟期　　成熟期始于转色，至浆果成熟时结束。转色期就是葡萄浆果着色的时期。这一时期，浆果果皮的叶绿素大量分解，白色品种浆果色泽变浅，开始丧失绿色，微透明；有色品种果皮开始积累花色素，由绿色逐渐变为红色或蓝色。在此期间，浆果颜色改变，果实体积进一步膨大，并逐渐达到其品种特有的颜色和光泽，然后逐渐变化，直到成熟。成熟期中，浆果表现为转化器官，特别是贮藏器官。如果成熟后还不采收，浆果再继续变化，进入过熟期。

3. 过熟期　　在果实达到成熟以后，果实中的相对含糖量可以由水分的蒸发而增高（含糖总量不变，但果汁变浓），果实进入过熟期。过熟期作用可以提高果汁中糖的浓度，这对于酿制高酒精度的葡萄酒是必需的。

（三）采收时机的评判

1. 收获　　在葡萄栽培的各个物候期里，收获时机的抉择是最重要的环节之一。收获来的葡萄果实品质很大程度上决定了之后酿造葡萄酒品质的潜力。虽然酿酒师可以通过酿造工艺改善葡萄原料中的一些缺陷，但是并不能够完全抵消酒中的瑕疵。掌握葡萄成熟期发展规律，从糖、酸、酚类、香气成分等多种因素考虑，根据目标酒款风格，组织人力物力，制订采收计划，这是葡萄种植师的关键职责之一。仅仅在一些很少的情况下，才会以经济可行性为基础，以此选择性地收获某种特殊品质的葡萄。

如果栽培与酿酒不分开负责，并想要酿造高品质的葡萄酒的话，就会很难确定合适的时机，也很难精确地预估果实品质带来的影响。然而，当栽培和酿造是分开负责时，就会有充分的资金和精力来提升收获流程，这也正是一个高品质葡萄酒所必需的。在购买葡萄果实时，仅仅依据品种、果重、含糖量这些标准还是远远不够的。要提高葡萄酒的品质，就要超越现在所有的标准，加强对葡萄果实品质的认识和资金投入。

2. 采收指标　　对于种植葡萄的人来说，最大的问题是如何估算葡萄是否达到合适的品质，从而确定最好的收获时机。客观的标准需要化学与物理的测量，而遗憾的是，葡萄酒的不同风格与化学成分之间的连接仍未被建立完善。举例来说，相比较于完全成熟的葡萄，中熟的葡萄可用来生产馥郁果香，但缺乏复杂度的葡萄酒。历史上一般通过视觉、口感和风味这些主观依据来确定葡萄的成熟度。除了果皮，大多数葡萄品种的果汁（除了麝香品种）基本上都没有香气，不管它成熟与否。另外，一些品种的特殊香气（来自香气前体化合物）只在发酵或陈年中才得以发展出来，在成熟的果实中难以被检测出来。然而，这并不能否认，对于一些特殊的、经验丰富的葡萄园，葡萄收获的偏好与最终葡萄酒品质之间的这种紧密联系，是不可能被开发出来的。尽管如此，对于大规模、较新的商业化葡萄园来说，葡萄园产量庞大、品种繁多，葡萄采收期的确定如果只凭借主观判断则可靠性偏低。

从主观经验转向客观标准来确定收获时机，是从葡萄果实的糖、酸含量开始的。现在，糖和酸的含量成了确定收获时机的基本标准指标，而颜色深度、单宁含量、香气化合物随着研究的进展逐步成了判断葡萄成熟的重要指标。酿酒师会根据目标酒款的风格，寻求这些成分的平衡来确定采收时期。对这些指标的检测通常会运用到分光光度计、液相色谱、气相色谱等技术，近年来针对化学键与官能团的近红外多光谱技术也被逐步轻量化与无损化，用于实时监测葡萄内的糖、酸，以及颜色指标。

在温带地区，糖酸比通常是首选的成熟度指标。糖和酸这两种指标常常同时改变，使得这一比值成为一种很好的衡量葡萄酒品质的指标。在世界的大部分地区，对葡萄种植户的葡萄果实估价，糖酸比与限产是同样重要的。相比较之下，在气候冷凉地区，糖含量不足是一个首要问题，它能否达到期望水平才是收获的主要指标。在炎热地区，可溶性固形物含量丰富是其所具有的优良特性，而避免过熟而导致的 pH 升高变得很重要（因为这会使得酸降低）。因此，对于红葡萄来说，收获时 pH 应不高于 3.5，而白葡萄不高于 3.3。

3. 采样分析 选择适宜的采收日期、预估适于酿酒类型都需要在葡萄的成熟过程中对果实的物理、化学及风味特性进行评估。采样间隔时间随着临近采收的时间而逐渐缩短。为了使从葡萄园中采摘的果实样品具有代表性，实施精准采样非常关键。

1）采样量与采样点　采样的代表性与葡萄园的整齐度有很大关系，葡萄园不整齐的影响主要体现在单株产量、果穗曝光度及其果实的成熟发育进程。导致这种差异性的主要因素包括葡萄园错株或营养混杂、树龄不同、地形与土壤类型不同、土壤水分与营养状况差异、单株负荷差异、叶幕结构差异、边行与行头与内部的差异、病虫为害等。所以，采样量与采样点的确定也是一件比较困难的事情，因为葡萄园的整齐度对采样的代表性具有很大影响。

采样量的大小因葡萄园的规模大小而异。以果粒采样法为例，在葡萄园整齐一致的情况下，对于小规模的葡萄园（如小于 1hm^2），整园均匀采样 200 个果粒（大约 5%的植株被采样，每株采 3 个果粒），基本上可以使样品与实际采收的误差控制在 1°Brix 以内，如果需要更高的精确度，或者葡萄园有一定的生长差异，就需要适当扩大采样量；对于大规模葡萄园可以适当降低采样植株的比例，增加每株的采样果粒数（大约 3%的植株被采样，每株采 5 个果粒）；对于非常大的葡萄园（大于 10hm^2），采样植株的比例可以降低至 1%。

葡萄园采样点的选取方法比较多，但选点的基本原则是随机取样。常见的采样点方法有"之"字形选点、随机数字表选点。

（1）"之"字形选点就是沿葡萄行来回对左右进行"之"字形选点采样（图 3-1）。

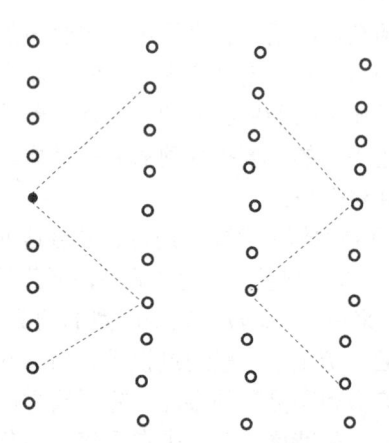

图 3-1　葡萄园采样"之"字形选点示意

（2）随机数字表选点是基于一个随机数字表，依据计划采样葡萄园的行数（如 50 行）和每行葡萄树的株数（如 200 株），确定出拟选采样点数。从表中一个后两位小于 50 的数作为选择的第一个行数，然后沿此数往下找出第一个后三位数小于 200 的数作为这一行的株数，即是第一个采样点。以此类推选出 40 个采样点。需要注意的是数据 01 或 001 不宜选用，因为这是边行或者行头植株。

2）采样方法与分析　采摘样品的方法包括整株采样、整穗采样、小穗采样和单粒采样。最常用的是单粒采样和整穗采样。

（1）单粒采样采摘的果实较少，而且比较费时。当果穗比较紧密时，所采果粒往往主要是果穗外部的果粒，不能准确代表整个果穗，外部的果粒一般比内部果粒有较高的可溶性固形物含量。如果对紧果穗品种采样，最好是对选定的果穗剪开以便从不同部位取样，以增强取样的代表性。具体采集时，从第一个采样点开始，随机选取一个果穗，分别从果穗上部和中部各采2个果粒，从下部采1个果粒。注意每次采样的位置都要变化，照顾到树体的两个面、内外部果穗一级果穗的前后面。把采集的样品果粒装入标记好的塑料袋或其他适宜容器中。用同样方法采集所有取样点的样品，并放在低温条件下（5~10℃），最高不宜超过15℃，等待分析。

（2）整穗采样速度比较快，但比单粒采样疏除的果实多，在每棵树上果穗数不足够多的情况下，在采收前如果连续3次以上从一棵树上采样将会对这棵树产生疏果效应，导致样品分析结论与实际偏差过大。这种情况下，采样点就不能是1棵树，应该是由3~5棵葡萄树组成一个采样点，每次采样从这些树任意一棵随机采摘1穗。通常是40个采样点采取果穗，每个采样点采1穗，同样要从叶幕的两侧、内外等不同位置取样，并同样放在低温条件下等待分析。

从葡萄园取回的样品，尽量模仿车间实际生产对原料的处理，对主要采收指标进行分析。可溶性固形物、滴定酸和pH是必测指标，色泽、香气和风味等指标的测定相对不那么频繁。苹果酸、酒石酸、钾、氨基酸等化学成分的测定主要为了指导酿酒方案的制定，不以采收指标为目的。

4. 机械采收的优点　　随着采收机的不断更新换代，人们对葡萄修剪和定植标准化的重要性意识的不断提高，人工采摘和机械采摘的葡萄品质已经难分伯仲。利用不同采收方式采摘的葡萄所酿的葡萄酒有时稍有差别，无论在北美还是欧洲都无明显的感官偏好。由果实破裂带来的酚类物质含量增加的预期常常得不到试验证实，这可能是由于析出的酚类物质快速氧化和沉淀造成的。然而，机械采收与葡萄酒中蛋白质不稳定性增加的问题紧密相关，特别是机械采收的葡萄如果延误或延长运输到酒厂，这种现象更为明显。

对于适合机械采收的品种，方法的选择往往取决于果实品质的影响因素而不是直接影响。诸如夜间和快速收获、人工成本、葡萄汁损失和葡萄园大小等因素起决定性作用。例如，在炎热气候下生长的葡萄必须经过长途运输才能到达酿酒厂，那么在凉爽的夜晚采收的葡萄状态更佳。另一种解决方案是采摘之后立即在大田里低温厌氧压榨，这种方案也能解决长距离运输的问题。对于价格高、产量高的品种，葡萄汁损失5%~10%可能会抵消机械采收的经济效益。另外，对于可能产生大量二次果的欧美杂交种，生青葡萄对葡萄酒质量的不利影响可能超过机械采收的成本效益。通常机械采收会使果梗含量较低，杂质含量增高，葡萄汁氧化的可能性增加，以及枝干浸渍导致真菌的生长等，是否具有实际意义，目前尚未确定。这可能与品种、收获条件和葡萄酒风格相关。如此，摘叶可能会降低葡萄树生产和贮存下一生长季碳水化合物的能力，进而可能会降低来年的葡萄树生产力，尤其是在当年产量高的情况下。另外，葡萄是多年生植物，这种影响是会累积的。

二、基本原理

采收期的确定：可用两种相互补充的方法来确定酿酒品种的采收期。

第一种方法是用物候期来确定成熟期。在每个葡萄产区，各品种从盛花期到成熟的时间是相对一致的。例如，对于中熟品种，这一时间为90~110d。同样，对于中熟品种，从转色到成熟一般需要50d左右。虽然这种方法并不非常准确，但是，对采收和酒厂工作的组织是非常有用的。

第二种方法是成熟度控制。浆果的成熟度可分为两种，即工业成熟度和技术成熟度。

所谓工业成熟度，即单位面积浆果中糖的产量达到最大值时的成熟度；而技术成熟度是根据葡萄酒种类，浆果必须采收时的成熟度，通常用葡萄汁中的糖酸比［即成熟系数（M）］表示。这两种成熟的时间有时并不一致，而且在这两个分别代表产量和质量的指标之间通常存在着矛盾。近年来，葡萄的皮和籽也常作为观测的对象。观测葡萄的皮，主要是了解皮中单宁的成熟度，至于葡萄籽，主要是因为它是葡萄成熟的重要指标之一。现在，通常在葡萄转色后定期采样进行分析，并绘制成熟曲线，根据最佳条件（即葡萄酒质量最好时），确定采收时的 M 值，从而确定采收期。对于同一地块的葡萄，在不同的年份，应使用相似的 M 值。具体方法：从成熟前 3～4 周开始，对每个品种的不同地块选取 3～5 个地区，每个地区采用"S"形 4 行取样法，每行选 5 穗，共 20 穗，装入标明区域号的取样袋，置于冰盒中带回化验室分析。每 3d 采一次样，压汁分析含糖量和含酸量，并绘制成熟曲线，然后根据成熟曲线确定采收期。

三、实习材料与仪器

（1）材料：葡萄园。
（2）仪器：剪果剪或锋利的刀子、塑料周转箱、采收机、采集篮、破碎机、压榨机、输送泵、果筐若干、拖拉机、管子等。

四、实习步骤

（一）采收准备

在葡萄采收前需要进行一系列的准备工作，主要是采收所需设备的准备与检修和进程安排。在准备中所需考虑的主要因素包括采收人力调动、采收葡萄的物流安排（运输）、酒厂每天的加工处理能力、每个葡萄园片区的成熟进程和具体采收日期的计划安排等。

视频 采收

葡萄园田间准备包括用药和灌水控制、葡萄行修整及病虫果的剔除等。根据具体农药有效期及时停用农药。临近采收时避免灌水，以免降低果实品质和对采收操作产生影响，尤其是机械化采收。当葡萄行中有下垂的枝条时，宜对这些下垂的枝条在离地面 50cm 处剪截，这项工作也叫"剪裙边"。尤其是生长势较强的叶幕容易出现枝条蔓延至行间并下垂，影响采收操作，特别是机械采收。对这些下垂枝条进行剪修整理，可以减少机械采收运行中枝条堵塞和果实损失，当人工采收时需要防止剪截枝条刺扎采摘人员。对于机械采收，在临近采收时需对树上的病虫和腐烂果穗进行人工剪除。

采收容器包括手工采收的手提容器和集装运输容器。手提容器多种多样，但目前较多使用塑料周转箱。多数情况下手工采摘装好的周转箱直接装车运往酒厂，尽量减少转箱带来的破损。大的集装运输容器多用于机械采收或运输距离比较短的手工采收。集装运输容器包括翻斗卡车、敞车和常用于田间采收与运输之间周转的葡萄桶。

运输工具一般与从葡萄园到酒厂的运输距离和加工量有关。基本原则是保障采收速度、运输量与酒厂加工处理能力相协调。运输车的装卸宜在葡萄园内或附近进行，既要考虑便捷又要尽量减少破损。运输车的卸载方式也比较多，常见的主要有葡萄桶的提升、倾翻和侧倾翻，以及旋转叉车卸载。

（二）机械采收

在大多数情况下，机械采收是最经济、最合理的采收方法。诸如四轮驱动、自动调平、扩大尺寸选择和改进性能等措施，将在葡萄园中得到大范围的应用。

所有机械采收机基本上都使用相同的方法来采收果实。在葡萄树上的一个或多个部位施加一定的力，使其快速和突然摆动，进而使果粒和果穗分离。按照施力的机制，采收机可分为两大类：①直接向结果枝施力的被称为中枢击式打机、枝条振动机、击打机、撞击器；②直接向葡萄主干施力的被称为振动机、主干振动机或振动器。有些采收机结合了这两种性能，被称为中枢脉动机。此类型与前两种不同，为直接施力在支撑枝条的细丝上的冲击片型。大多数机器被设计用来采收垂直单干架式的葡萄叶幕，而对于其他架形和树形，则需要对采收机进行相应的改进。

一旦这些果粒或者果穗被摇晃下来，就会被收集在围绕着葡萄藤或葡萄架开合的鱼鳞状的采集盘中，这些采集盘由尼龙或者聚乙烯制成，并向外倾斜。因此，葡萄在葡萄树的每一边的皮带或桶上被收集，然后并被运送到采集篮或收集箱中。如果不需要浸皮，则可以立即将葡萄果实破碎，只将果汁送到酒庄。

（三）手工采收

手工采收葡萄与机械采收相比仍然有一些优势，尤其是对一些像'赛美蓉'这样容易裂开的薄皮品种。手工采收可以剔除一些未成熟、皱缩或感病的果实，还可以选择一些在特定成熟状态的葡萄。除了特殊的葡萄酒，如阿玛罗内或贵腐酒，其他葡萄酒的原料很少选择手工采收。

为了体现手工采收的优势，必须将果穗小心翼翼地收集并放置在容器中，以尽量减少破损。葡萄也必须快速运输到酿酒车间进行快速加工。这样可以最大限度地降低葡萄因升温使浆果或果汁中的有害微生物生长。

尽管手工采收是有益的，或者在特殊情况，如陡峭的葡萄园中有需求，但手工采收的缺点往往超过它的优点。除了人工成本高和不适用性外，手工采收的速度较慢，无法在恶劣的天气期间采收，也很少能够一天24h进行。后来，一个加州的生产商制造了可以连接在拖拉机上的大功率荧光灯，使手工采收可以在夜间四排同时进行。

手工采收和机械采收两种方式对葡萄中容易形成沉淀的蛋白质的影响几乎没有差异。然而机械采收的果实经过长距离运输后，果皮和果肉中提取的蛋白质容易形成沉淀。这些蛋白质主要是致病性相关蛋白，尤其是像硫蛋白一样的蛋白质和几丁质酶。采收与破碎之间的时间间隔过久也会导致发酵前的葡萄汁氧化褐变和微生物污染。

五、注意事项

除整型系统外，品种的生长和结实特性也会显著影响采收机的效率。影响葡萄品种机械采收适应性的两大主要结实特性是葡萄从葡萄树脱落的难易程度和浆果的脆弱程度。而果树本身的一些特征，诸如能以整串葡萄即时分离，在穗轴处容易分裂，亦或能便利地在果梗处裂开，是机械收获的理想特征。易于分离可以减少采收机施加的压力，并将果实破裂的可能性降至最低。由于酿酒葡萄主要是多汁的，附着力牢固，果刷和穗状结构可导致浆果的普遍破裂和汁液损失，如'翡翠雷司令'（Emerald Riesling）和'仙粉黛'。而如'赛美蓉'和'白麝香'（Muscat Canelli）等软皮品种如果用机械采收也会失去大部分果汁。如果不需要长时间的果皮接触并且在采收果实的同时进行压榨，则该问题可得到缓解。

葡萄树影响采收机功能的因素是枝条的柔韧性、叶片的密度和大小。密集的叶幕可能会干扰力的传递和果实移位，也会堵塞和中断传送带的运转。过多的非果实杂物（mixture of gaussion, MOG）污染的有害影响可以通过风扇吹过收集器带而部分抵消。但是，小叶片会变得湿润并且浆果粘到一起，或者嵌入到果实里面。易碎的木材可能造成机器的破损并且也会堵塞传送带。采前疏果通常可以减少植物生长所带来的对采收机功能不必要的破坏。更多的问题则可能会出现在采收年代久的葡萄园和棚架葡萄时。支架上的木头碎屑、棚架铁丝网、棚架钉、螺栓和其他金属必须被移除。一旦这些异物损坏机器将会花费大量的维修成本和时间成本。

影响采收机效率的其他因素是采收时间、葡萄园坡度和土壤条件。由于葡萄和葡萄树其他部分在晚上通常更潮湿，浆果和果穗分离通常需要较少的力。夜间采收还具有能在温暖气候和凉爽温度下收获水果的优点。但是，即使使用前照灯，夜间的能见度也会使采收时的充分观察变得困难。超过 7%的斜坡要求采收机能够独立调整车轮，以保持采收机的收集框平衡。也可能需要对土壤进行分级，这样有利于操作控制并除去干扰收集框接近地面的崎或垄。

六、实习作业

（1）葡萄各个部分的成分及与酿酒的关系是什么？
（2）确定采收期要考虑的因素是什么？
（3）如何确定采收期？
（4）葡萄产量与葡萄酒质量的关系是什么？
（5）影响葡萄质量的因素是什么？

第二节　红葡萄酒的酿造

一、知识概括

红、白葡萄酒酿造工艺较为相似，关键区别是红葡萄酒需要浸渍发酵，而大部分白葡萄酒是用皮汁分离后的葡萄汁进行发酵的。红葡萄酒的酿造中，关键的步骤是使葡萄固体中的成分在控制浸渍时间、温度和酒精度的条件下进入液体部分，即通过促进固相和液相之间的物质交换，充分地萃取葡萄原料的品质成分并提高酒液的陈年能力。这就是红葡萄酒酿造特有的浸渍阶段。浸渍，可以在酒精发酵过程中进行，也可以在酒精发酵前或极少数情况下在酒精发酵后进行。

在传统工艺当中，浸渍和酒精发酵几乎是同时进行的。原料经破碎（将葡萄压破便于出汁，有利于固-液相之间的物质交换）、除梗后，被泵送至浸渍发酵罐中，进行发酵。在发酵过程中，固体部分由于二氧化碳的带动而上浮，形成"皮渣帽"或"酒帽"，不再与液体部分接触。为了促进固-液相之间的物质交换，一部分葡萄汁被从罐底放出，泵送至发酵罐上部以淋洗皮渣帽的整个表面，此过程称为倒罐。倒罐除了使酒液与酒帽充分混合外，也可避免湿润的"酒帽"与空气中杂菌（如醋酸菌）接触而导致葡萄酒的腐坏。

浸渍的时间、温度两个重要变量可较为显著地影响浸渍的效果。一方面，高温浸渍（也称热浸渍）可应用于卫生状况较差的原料，来减缓不良反应的进行。另一方面，低温浸渍（也称冷浸渍）则更多地被认为对红葡萄酒颜色和香气品质具有良好的提升作用，在一些葡萄酒产区受到越来越多的关注和应用。这一工艺最早出现在法国勃艮第地区'黑比诺'葡萄酒的酿造中。

操作中，酿酒师可在发酵前对原料进行加热。具体步骤是将原料破碎、除梗后，加热至70℃左右，浸渍20~30min，皮汁分离后对冷却的酒液进行接种发酵，这就是热浸渍发酵。热浸渍发酵主要是利用提高温度来加强对固体部分的提取。同样，色素比单宁更容易浸出。通过对温度的控制，充分发挥原料的颜色和单宁潜力，生产出一系列不同类型的葡萄酒。热浸渍还可抑制氧化酶的活动，这对于受灰霉菌为害的葡萄原料极为有利，因为这类原料富含能分解色素和单宁的漆酶。几分钟的热浸渍在颜色上可以获得几天普通浸渍相同的效果。同时，由于浸渍和发酵是分别进行的，可以更好地对它们进行控制。

在红葡萄酒酿造中，冷浸渍是指在酒精发酵前在较低温度下（5~15℃）对除梗破碎后的葡萄原料在发酵罐中进行一定时间（4~10d）的冷浸渍。与酒精发酵过程中和发酵结束后的浸渍过程不同的是，冷浸渍过程是在无酒精状态下纯水相对葡萄原料中的酚类物质和香气物质进行浸提的过程。一些感官评价的研究结果表明，冷浸渍工艺处理可以使葡萄酒的香气得到提升，比如增加香气的浓郁度和复杂性，提高果香，并赋予葡萄酒黑色浆果的香气。但目前而言，关于冷浸渍对葡萄酒整体品质的提升效果在酿酒师和业内学者中还存在一些争议。一些学者研究发现，冷浸渍可以提高葡萄酒中一些花色苷和非花色苷酚的含量，而另一些研究表明这一效果并不显著。已有研究结果表明，冷浸渍工艺对葡萄酒品质的作用效果并不一致，会受到很多方面因素的影响，如制冷方式（直接对葡萄降温，采用干冰、液氮，或者热交换器）、浸渍温度、浸渍时间、葡萄品种、年份和原料的成熟度等。

还有研究发现冷浸渍可以增加葡萄酒中大部分乙酸酯和脂肪酸乙酯的含量，并且葡萄原料成熟度越高，这种效果越明显。此外，冷浸渍处理还可以增加美乐葡萄酒中一些酯类物质和苯乙醇的含量。最近的研究结果还表明，冷浸渍工艺对葡萄酒香气组分的影响在不同品种中差异较大。因此，针对特定的产区、特定的品种应用冷浸渍工艺与否，还需要酿酒师根据实际效果做出科学的评估。

冷浸渍的一个潜在缺点是增加了酒香酵母引发早期腐败的风险，它为葡萄果皮上固有菌落的随机生长提供了时间（冷浸渍后期升温及酒精发酵前期）。因此，采用冷浸渍工艺有必要在破碎后提高二氧化硫的使用量。

添加二氧化硫会促进花色苷的浸提，特别是在相对较凉爽的温度下。硫加合产物比天然花色苷在酒精水溶液中更易溶。但添加二氧化硫的潜在缺点在于它会延迟花色苷和单宁之间的早期聚合。

浸渍中温度的调控可帮助酿酒师达到不同的浸渍效果，发酵形成的酒精和温度的升高，有利于固体物质的提取，但应防止温度过高或过低：温度过低（低于20~25℃），不利于有效成分的提取；温度过高（高于30~35℃），则会浸出劣质单宁并导致芳香物质的损失，同时又有酒精发酵终止的危险。

对原料的浸渍也可以用完整未破碎的原料在二氧化碳气体中进行，这就是二氧化碳浸渍发酵。浸渍罐被二氧化碳所饱和，葡萄原料被完整地装入浸渍罐中。在这种情况下，一部分葡萄由于重力被压破，释放出葡萄汁；葡萄汁中的酒精发酵保证了密闭罐中二氧化碳的饱和。浸渍8~15d后（温度越低，浸渍时间应越长），分离自流酒，将皮渣压榨。由于自流酒和压榨酒都还含有很多糖，所以将自流酒和压榨酒混合后或分别继续进行酒精发酵。在二氧化碳浸渍过程中，没有破损的葡萄浆果会进行一系列的厌氧代谢，包括细胞内发酵形成酒精和其他挥发性物质，苹果酸的分解，蛋白质、果胶质的水解，以及液泡物质的扩散，多酚物质的溶解等，并形成特殊的令人愉快的香气。由于果梗未被破损并且不被破损葡萄释放的葡萄汁所浸泡，所以只有对果皮的浸渍，因而二氧化碳浸渍可获得芳香物质和酚类物质之间的良好平衡。通过二氧化碳浸渍发酵后的葡萄酒口感柔和、香气浓郁，成熟较快。它是目前已知的唯一能用中性葡萄品种获得芳香性葡萄酒的酿造方法。

果胶酶是可作用于果胶水解或协助水解的一系列生物催化剂，在葡萄酒酿造中可促进葡萄果实细胞壁中果胶成分的降解，从而打开"通道"促进品质物质的释放。目前产业上具有多种果胶酶混合配方，主要来源为黑曲霉（*Aspergillus niger*），添加在浸渍阶段，可显著提高品质成分释放率。但最新研究认为，葡萄各品种间果实细胞壁差异显著，统一成分的果胶酶产品针对性不足，未来将针对具体品种设计更为精准的果胶酶配方。

二、基本原理

在红葡萄酒的生产中，对浸渍的研究主要集中在颜色和单宁的浸提上。花色苷首先被浸提出来，它比单宁更易溶解。随着发酵逐渐活跃起来，乙醇的产生不仅可以增强溶解性，也可以通过增强膜的多孔性来促进花色苷的逸出。单宁的浸提则更依赖于乙醇含量的增加，乙醇含量越高，单宁的溶解性越大。

浸渍持续时间和条件会极大改变红葡萄酒的风格和消费者的认可度，因此，浸渍工艺的控制成为了酿酒师们调整红葡萄酒特点一项重要的手段。短期浸渍（<24h）通常用来生产桃红葡萄酒。为了尽早消费，新鲜型红葡萄酒通常在浸渍3~5d后进行压榨。这样可以提供良好的颜色，避免葡萄籽强单宁的浸出，同时也浸提出了充足的果皮单宁来促进颜色稳定。在大约5d，大部分类黄酮会达到其溶解的暂时高峰，而在浸渍15d后萃取将进入第二个阶段。更长的浸渍时间与高分子质量单宁浓度的升高有关，也会增加不良物质的萃取（如带来生青味道的甲基吡嗪）。酿造陈酿型的葡萄酒通常会将皮和籽一起浸渍长达3周，延长的浸渍会导致游离花色苷含量的下降，但是通过促进其与原花色素的早期聚合可以增强陈酿过程中颜色的稳定性。在法国和意大利的一些产区，酿酒师们对于陈酿型葡萄酒的酿造是否需要长时间果皮接触仍有争论。尽管浸渍、泵循环和葡萄酒风格之间的一般关系已经众所周知，但花色苷浸提的难易程度还是取决于品种和原料自身。

三、实习材料、试剂与仪器

（1）材料、试剂：酿酒葡萄；二氧化硫、蔗糖、酒石酸钾、碳酸钙、乳酸、酒石酸等。

（2）仪器：振荡分选台、原料泵、破碎除梗机、气囊压榨机或其他压榨机、控温发酵罐、酒泵、比重仪等。

四、实习步骤

红葡萄酒的酿造过程如图 3-2 所示，主要包括：原料的接收、分选、破碎除梗、浸渍、倒灌、压榨、苹果酸-乳酸发酵。

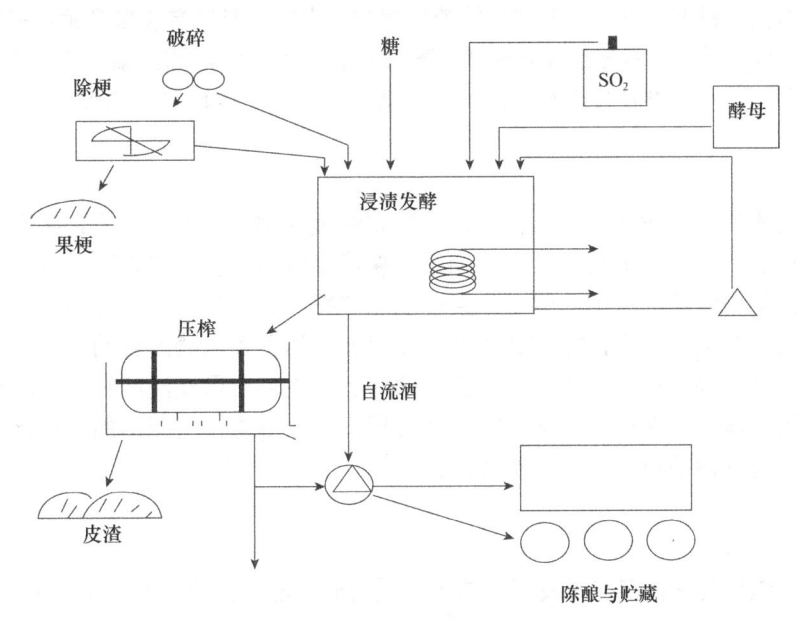

图 3-2 红葡萄酒酿造流程图

（一）原料的接收

主要对原料进行过磅、质量检验、分级等，质量检验和分级的标准一般包括品种、成熟度、卫生状况等。在接收原料过程中，尽量防止积压，防止原料的污染和混杂。

（二）原料的分选

尽量除去原料中包括枝、叶、僵果、生青果、霉烂果和其他的杂物，使葡萄完好无损，以尽量保证葡萄的潜在质量。此外，有的杂物还可能损坏原料泵、破碎除梗机、压榨机等设备。因此，葡萄酒厂必须在对原料进行其他的机械处理前，通过分选除去所有杂物。

（三）破碎、除梗

破碎是将葡萄浆果压破，以利于果汁的流出。在破碎过程中，应尽量避免撕碎果皮、压破种子和碾碎果梗，降低杂质（葡萄汁中的悬浮物）的含量。除梗则是将葡萄浆果与果梗分开并将后者除去。除梗一般在破碎后进行，且常常与破碎在同一个破碎除梗机中进行。

（四）浸渍

源于葡萄固体部分的化学成分使红葡萄酒具有区别于白葡萄酒的颜色、口感和香气。这些化学成分是由于葡萄汁对果皮、种子、果梗的浸渍作用而被浸提出来的。果皮、种子、果梗等组织中含有构成红葡萄酒质量特征的物质，同时也含有构成生青味、植物味及苦味的物质；但在浸渍过程中，那些具有良好的香气和口感的物质最先被浸出。优质红葡萄酒原料的特征就是富含红葡萄酒的有用成分，特别是富含优质单宁。这些优质单宁使红葡萄酒具有结构，利于陈酿，而无过强的苦涩感和生青味。但只有优良品种在成熟良好的年份才具有这类优质单宁。浸渍通常伴随着酒精发酵，此时要定期测定温度和密度，最好每天早、中、晚各测一次，以及时进行升温或者降温处理，监测酒精发酵的程度。

（五）倒罐

在浸渍过程中，与皮渣接触的液体部分很快被浸出物——单宁、色素所饱和，如果不破坏这层饱和液，皮渣与葡萄汁之间的物质交换速度就会很快减慢。而倒罐则可以破坏该饱和层，达到加强浸渍的作用。但是，要使倒罐获得满意的效果，就必须在倒罐过程中，使葡萄汁淋洗整个皮渣表面，否则就可能形成对流，达不到倒罐的目的。

倒罐的次数取决于很多因素，如葡萄酒的种类、原料质量及浸渍时间等。目前的趋势是，每天倒罐一次，每次倒 1/3 罐。在倒罐过程中，由淋洗作用浸出的单宁比压榨酒的单宁质量要高；压榨酒的单宁更苦、更涩。

（六）压榨

压榨就是将存在于皮渣中的果汁或葡萄酒通过机械压力而压出来，使皮渣部分变干。在生产红葡萄酒时，压榨是对发酵后的皮渣而言。需对原料进行预处理，然后尽快压榨。在压榨过程中，应尽量避免产生过多的悬浮物、压出果梗和种子本身的构成物质。压榨过程应较为缓慢，压力逐渐增大。为了增加出汁率，在压榨时一般采用多次压榨，即当第一次压榨后，将残渣疏松，再进行第二次压榨。从压榨机出来的葡萄汁或葡萄酒可分为两个部分：未经压榨所流出的汁为自流汁（自流酒），自流汁经过苹果酸-乳酸发酵，陈酿之后可获得高品质葡萄酒；第一次和第二次压榨所流出的汁形成压榨酒。

（视频 压榨）

红葡萄酒压榨酒占 15% 左右。压榨酒与自流酒比较，除酒精含量较低外，还原糖、总酸、挥发酸、花青素、单宁及总氮等的含量都相对较高。

（七）苹果酸-乳酸发酵

要获得优质红葡萄酒，首先，应该使糖被酵母菌发酵，苹果酸被乳酸菌发酵，但不能让乳酸菌分解糖和其他葡萄酒成分；其次，应该尽快地使糖和苹果酸消失，以缩短酵母菌或乳酸菌繁殖或这两者同时繁殖的时期，因为在这一时期中，乳酸菌可能分解糖和其他葡萄酒成分；最后，当葡萄酒中不再含有糖和苹果酸时（而且仅仅在这个时候），葡萄酒才算真正生成，应该尽快除去微生物。

第八节将详细介绍苹果酸-乳酸发酵。

五、注意事项

由于酒精发酵、苹果酸-乳酸发酵等工艺在第七节和第八节介绍，本节主要介绍红葡萄酒浸渍相关处理的注意事项。

（1）应根据葡萄品种、目标风格决定浸渍时间。单宁含量较高、陈年潜力强、健康程度良好的葡萄原料，可适当延长浸渍时间，以获得更多单宁，从而辅助稳定颜色。相对而言，单宁含量低的品种可缩短浸渍时间，获得足够色素酿造新鲜易饮型红葡萄酒或桃红葡萄酒。

（2）根据葡萄健康状况合理运用二氧化硫，保证酒液中游离二氧化硫的含量。

（3）根据葡萄品种及目标酒款，在浸渍过程中，每天进行一次倒罐（1/3），以淋洗整个皮渣表面。

（4）浸渍发酵过程中对温度进行控制，为提高酚类物质提取的同时保留酒中果香等香味物质，浸渍的温度应控制在 25～30℃，25～27℃适用于酿造新鲜葡萄酒，28～30℃适用于酿造陈酿葡萄酒。

（5）如果需进行后续的苹果酸-乳酸发酵，则需在浸渍后皮汁分离时监测酒液温度，控制酒液在 19～20℃区间利于苹果酸-乳酸发酵尽早开始以达到之后的生物稳定性。

（6）如果需要对原料进行改良以提高酒精度，最好在皮渣帽形成时一次性添加蔗糖、酒石酸钾、碳酸钙、乳酸、酒石酸等。

（7）在葡萄汁与皮渣分离时，可借此机会调整葡萄酒的 pH，并且将纯汁发酵温度严格控制在 18～20℃，促进酒精发酵的结束和（或）苹果酸-乳酸发酵。在整个发酵结束后，应立即分离，并同时添加 50mg/L 的二氧化硫（添满、密闭），在 7～14d 后再进行一次分离转罐。

六、实习作业

（1）酿造干红葡萄酒对原料有什么要求？

（2）酿造干红葡萄酒时，如何对酒帽进行管理？

（3）酿造干红葡萄酒时，如何确定皮渣分离的时间？

第三节　白葡萄酒的酿造

一、知识概述

与红葡萄酒一样，白葡萄酒的质量也取决于主要口感物质和芳香物质之间的平衡。但白葡萄酒的平衡力一方面取决于品种香气与发酵香气之间的合理比例，另一方面取决于酒精度、酸度和糖之间的平衡，多酚物质则不能介入。对于红葡萄酒，我们要求与深紫红色相结合的结构、骨架、醇厚和醇香，而对于白葡萄酒，我们则要求与带绿色色调的黄色相结合的清爽、果香和优雅性，一般需避免氧化感和带琥珀色色调。

为了获得白葡萄酒的这些感官特征，应尽量减少葡萄原料固体部分的成分，特别是多酚物质的溶解。因为多酚物质是氧化的底物，而氧化可破坏白葡萄酒的颜色、口感、香气和果香。

此外，从原料采收到酒精发酵，葡萄原料会经历一系列的机械处理，这会带来两方面的问题：一方面，这会破坏葡萄浆果的细胞，使之释放出一系列的氧化酶及其氧化底物——多酚物质和作为氧化促进剂并能形成生青味的不饱和脂肪酸；另一方面，还可形成一些悬浮物，这些悬浮物在酒精发酵过程中，可促进影响葡萄酒质量的高级醇的形成，同时抑制构成葡萄酒质量的酯的形成。

尽管延长浸渍会增强白葡萄酒中酚类物质的含量，但不会达到同等条件下红葡萄酒所具有的相同程度的收敛感。这一异常的表现是由花色苷的缺失造成的。尽管花色苷自身是无味的，但它们会与儿茶素和单宁相结合。这种结合增强了单宁的溶解性从而保存了它们的苦味和收敛感。

不同品种原料在破碎及浸渍过程中释放的酚类物质含量的差别较大。例如，'长相思'在这一过程中释放的类黄酮物质极少，'雷司令''赛美蓉'和'霞多丽'次之，而在'戈杜麝香''鸽笼白'中其浸出的量就较大。增加酚类物质的浸出除了影响白葡萄酒的口感外还会加重葡萄酒装瓶后的褐变。

影响酚类物质浸出的主要物理因素是温度和持续时间，其浸出量通常与这两个因素呈线性相关，较低的浸渍温度和较短的持续时间会使类黄酮的浸出量最小化，并因此限制了其潜在的苦味和收敛感。

正如酚类化合物一样，香气物质和营养物质的浓度也受到浸渍的极大影响。例如，浸渍会增加单萜类物质的含量，氨基酸、脂肪酸和高级醇的含量也会增加，而总酸则趋于降低。酸度的降低似乎是由于钾的释放造成的，钾离子导致了酒石酸盐的形成和沉淀。

一般而言，需要在低温下进行浸渍。其优势在于不仅可以在发酵开始前抑制腐败微生物的潜在生长，还可以在随后的发酵过程中影响酵母风味物质的合成。例如，当浸渍温度在降低至15℃时，葡萄酒中挥发性酯类物质的合成会随着升高，而在更高的温度下浸渍则会降低。在较高的温度下进行浸渍，大部分的醇类物质（甲醇除外）的含量会降低。甲醇含量的增加是由于葡萄果胶酶的作用，它们会从果胶中释放甲基。

据报道，浸渍也会改进果汁的发酵性能并增强酵母的活力。这些作用部分来自于浸渍过程中释放到果汁中的微粒物质，如脂类和可溶性含氮化合物。众所周知，这些微粒物质可以加强微生物的生长。这些固形物可以为酵母和细菌的生长提供附着面，吸收营养物质，结合对酵母和其他微生物有毒性作用的 C_{10} 和 C_{12} 羧基脂肪酸，并释放二氧化碳。果皮接触还可以促进长链（C_{16} 和 C_{18}）饱和脂肪酸及不饱和脂肪酸的浸提，如棕榈酸、亚麻酸和亚油酸。长链脂肪酸对酵母在厌氧发酵条件下合成重要的固醇物质及构建细胞膜有着重要的作用。

延长果皮接触时间（超过2倍）也会增加酒精发酵过程中细胞外甘露糖蛋白的产生。增加的甘露糖蛋白的含量与减少 C_{10} 和 C_{12} 脂肪酸的浓度结合在一起，可以促进酒类酒球菌引发的苹果酸-乳酸发酵。在低温下最小化浸渍过程经常用来生产新鲜的、清爽的、水果味浓郁的新鲜型白葡萄酒。在较长时间且温度较高条件下的浸渍通常会使生产的葡萄酒颜色较深，并且风味更丰满，从而使得酒的感官特点更为复杂，适宜陈酿型白葡萄酒的生产。

品种特征、果实品质、设备条件及市场需求都会对酿酒师的选择产生重要影响，从而决定浸渍条件及浸渍时间。

二、基本原理

白葡萄酒的酿造工艺包括：将原料完好无损地运入酒厂，防止在葡萄采收和运输过程中的任何浸渍和氧化现象；破碎，分离，分次压榨，二氧化硫处理，澄清；用澄清汁在15～20℃的温度条件下进行酒精发酵，以防止香气损失。

此外，应严格防止外源铁的进入，以防葡萄酒的氧化和浑浊（铁破败）。所以，所有的设备最好使用不锈钢材料。

在取汁时，最好使用直接压榨技术，也就是将葡萄原料完好无损地直接装入压榨机，分次压榨，这样就可避免葡萄汁对固体部分的浸渍，同时可更好地控制对葡萄汁的分级。利用直接压榨技术，还可用红色葡萄品种（如'黑比诺'）酿造白葡萄酒。

上述工艺的缺陷是，不能充分利用葡萄的品种香气，而品种香气对于平衡发酵香气是非常重要的。所以，在利用上述技术时，选择芳香型葡萄品种是第一位的。此外，为了充分利用葡萄的品种香气，也可采用冷浸工艺，即尽快将破碎后的原料的温度控制在 5℃左右浸渍 10～20h，使果皮中的芳香物质进入葡萄汁，同时抑制酚类物质的溶解和防止氧化酶的活动。浸渍结束后，分离、压榨、澄清，在低温下发酵。

三、实习材料、试剂与仪器

（1）材料、试剂：白葡萄酒品种；二氧化硫、交联聚乙烯聚吡咯烷酮（polyvinylpolypyrrolidone，PVPP）、膨润土等。

（2）仪器：振荡分选台、破碎除梗机、气囊压榨机或其他压榨机、控温发酵罐、酒泵、比重仪等检测设备。

四、实习步骤

白葡萄酒酿造除了在酒精发酵前进行皮汁分离（对于大部分白葡萄酒而言），并对清汁进行发酵之外，其他步骤与红葡萄酒酿造的主要步骤基本一致。

（一）干型白葡萄酒酿造

1. 原料前处理　　尽量保证原料品种的成熟度一致性，通过除梗分选剔出生青果、烂果、叶片、泥沙等杂质。

2. 原料破碎与压榨　　注意防止氧化，可运用氮气等操作。通过和缓破碎，避免过多酚类物质进入果汁。可用气囊压榨机进行和缓压榨，也可用未破碎的葡萄进行直接压榨来减少浸渍效果。其中自流汁可与一次压榨汁混合生产优质白葡萄酒，二次及以上的压榨汁可用于白兰地等酒。

3. 发酵前澄清　　皮汁分离后的果汁可进行低温自然澄清，也可运用膨润土等澄清剂，或运用果胶酶加速澄清。澄清后将澄清汁转入提前充氮的新发酵罐，并添加适量的二氧化硫。

4. 酒精发酵及监控　　为保留果香等挥发物质，白葡萄酒发酵温度为 15～20℃，较红葡萄酒低。发酵前需进行可溶性固形物、可吸收氮含量、pH 等常规数据的检测，并及时进行调整（如添糖、加酸降酸、补氮等）。活化优质酵母并接种，发酵中每日进行两次相对密度的检测。

5. 酒精发酵结束　　当相对密度低于 1，且残糖含量小于 2g/L，可对酒液进行转罐，并补充二氧化硫（50mg/L），低温贮存。可根据目标酒的风格在发酵罐或橡木桶中进行陈酿，也可选择保留部分酒泥进行陈酿。陈酿中保证游离二氧化硫为 20～30mg/L，密闭贮存。

（二）半甜与甜型葡萄酒酿造

含糖的半甜或甜型葡萄酒酿造一般为优质的干白葡萄酒与稳定的葡萄汁或浓缩葡萄汁

混合，或干白葡萄酒与部分发酵葡萄汁混合。其中部分发酵汁混合前需提前用 100mg/L 的二氧化硫处理并低温除菌过滤。

氧化是整个白葡萄酒生产过程中需要避免的，可以用以下几种方法避免白葡萄酒氧化。

1. 二氧化硫处理　　通常使用焦亚硫酸钾，用量为 60～120mg/L，用量由原料成熟度、卫生状况、pH 和温度等因素决定。二氧化硫应在皮汁分离后立即加入葡萄汁中并混合均匀以达到良好的效果。避免在破碎时加入，因其会加速色素等酚类物质的萃取。

2. 澄清和膨润土处理　　澄清处理可通过除去悬浮物而除去结合于悬浮物的部分氧化酶（如葡萄内源的酪氨酸酶），从而降低葡萄汁的耗氧速率。但由于灰霉菌产生的漆酶在葡萄汁中溶解较为彻底，对真菌感染的果汁需加入膨润土，促使其与蛋白质产生絮凝沉淀，从而除去溶解状态的氧化酶。

3. 惰性气体的使用　　由于二氧化硫的使用会加速酚类物质的萃取，因此在皮汁分离之前可运用惰性气体（如氮气）来隔绝破碎的原料与氧气的接触。

4. 温度的调控　　可以通过温度调控来防止葡萄汁氧化，其中包括冷处理，即迅速降低葡萄汁温度至 5～10℃，可抑制氧化酶的活性，从而防止氧化及相应的二氧化硫的使用量；也可通过迅速加热至 50℃ 以上抑制氧化酶，但高温对葡萄酒品质的负面影响较大，尤其是香气。

五、注意事项

（1）取汁时，尽量减少浸渍，防止氧化。减少机械处理，直接压榨，取汁后立即添加二氧化硫，添加交联 PVPP、膨润土，最后压榨汁单独存放。

（2）澄清时，低温自然澄清，分离；分次澄清、过滤（酒泥过滤机）、离心；浮法澄清（果汁中加一定量的絮凝剂，然后压入惰性气体，果汁里的固体部分同惰性气体结合，浮到表面被清理掉，混浊部分真空过滤）。

六、实习作业

（1）什么样的原料适合酿造干白葡萄酒？
（2）葡萄酒在酿造的各个阶段是如何防止氧化和杂菌活动的？
（3）葡萄酒酿造中需要进行哪些项目的分析检测？
（4）如何防止葡萄汁（酒）的氧化？
（5）合理的干白葡萄酒工艺应保证哪些方面？
（6）绘制酿造白葡萄酒的工艺流程图。

第四节　起泡葡萄酒的酿造

一、知识概述

世界上没有其他任何一种葡萄酒能像香槟葡萄酒那样广受欢迎，其"起泡葡萄酒之父"的名号也是名不虚传。香槟葡萄酒具有悠久的历史与独一无二的产区特征，只有极少数葡萄酒能如它一般惊艳且震撼，造就自己的神话。

香槟产区产出的一种"灰酒"自16世纪日益出名。这种玫瑰般粉嫩的酒色酿自于'黑比诺''莫尼耶比诺'与'霞多丽'葡萄，酿造时没有接触葡萄皮，这在当时显得很是不寻常。因为葡萄酒无法彻底完成发酵，特别是在寒冷的冬天，当酒液还留有轻微甜度时就不得不被装走。随着入春后气温的逐渐升高，瓶子里残留的糖分逐渐分解成酒精和二氧化碳，"困"在瓶里的二氧化碳又促使葡萄酒进一步碳酸化。然而如今我们所熟悉的香槟诞生于18世纪，还得归功于玻璃酒瓶和软木塞的普及。作为或多或少可以控制二次发酵的一个基本要求，酿造过程中得以进行第一次对陈酿的实验尝试，也就是说，不同来源的葡萄酒可以混合在一起，以获得最佳的酒体。此后，随着这些酿酒方法的不断改进，越来越受到许多国家的欢迎。几个世纪以来，在绝大部分葡萄酒产区里，日益精湛的研究成果都被复制着一个相同的名字"经典酿造法"（或称为"香槟酿造法"，冠于产区名字之后）。法国很多葡萄酒产区将优质的起泡葡萄酒命名为克莱芒起泡酒，比如卢瓦尔、勃艮第和阿尔萨斯等。

二、基本原理

起泡葡萄酒是将还含有残糖和酵母的葡萄醪装入密闭、耐压的容器中，将葡萄酒继续发酵或再发酵而获得。这一发酵过程中产生的二氧化碳保留在容器内，从而形成气泡。

国际上根据二氧化碳的来源、瓶内压力、酒精度等标准将起泡葡萄酒分为起泡葡萄酒、加气起泡葡萄酒、葡萄汽酒等。高品质起泡葡萄酒要求气泡小而细腻、持久度高，香气根据酿造品种不同表现为各类花果香气，以及酵母带来的二类香气。由于口感及工艺的要求，用于制作起泡酒的葡萄原料通常较早采摘以达到比干型葡萄酒原料较高的酸度及较低的含糖量，避免葡萄过熟。酿造传统起泡酒常用的品种包括'黑比诺''霞多丽''佳美''灰比诺''白诗南''雷司令''赛美蓉'等，以及生产芳香型甜起泡葡萄酒的'玫瑰香'型品种，可进行多品种混酿或单一品种酿造。而后期加汽的葡萄汽酒则对原料没有严格要求。

传统起泡葡萄酒的酿造可分为基酒的酿造和瓶内二次发酵。其他制作方法也包括在耐压发酵罐进行二次发酵，或对基酒直接进行二氧化碳的添加。

三、实习材料、试剂与仪器

（1）材料、试剂：起泡葡萄酒常用的葡萄品种；优质起泡酒用酵母及酵母助剂、焦亚硫酸钾、下胶剂等常规酿酒辅料、乳酸菌、蔗糖；耐压起泡酒瓶及其他包材。

（2）仪器：振荡分选台、破碎除梗机、压榨机、酒泵、控温发酵罐、耐压发酵罐等。

四、实习步骤

（一）传统酿造

传统酿造法中包括基酒的酿造及瓶内二次发酵。

1. 葡萄基酒的酿造

1）采收　　葡萄采收时间较早，成熟度较低。为了使原料清洁无病，在采收时必须认真地取出成熟度过低的浆果及病虫果、僵果等。

2）压榨　　在传统酿造法中，对原料的压榨有如下特点：压榨前不对原料进行破碎处理；出汁率较低，第一次压榨率约 66%。压榨分 3 次进行。例如，原料为 4000kg，则 3 次压榨所获得的葡萄汁分别为 2600L、410L 和 205L。

3）发酵　　压榨获得的葡萄汁经二氧化硫处理、静置澄清后，用白葡萄酒酿造法进行酒精发酵。发酵温度应控制在 18～20℃。酒精发酵在 18～20℃的条件下进行苹果酸-乳酸发酵。这样所获得的葡萄酒的酒精度为 10%～11%，几乎无色。

在苹果酸-乳酸发酵结束以后，进行葡萄酒的分离、下胶，并对葡萄酒进行低温处理（0～4.5℃，6～8d）。如需混酿，需将不同品种、不同发酵容器及不同部分的葡萄酒按一定比例进行混合，以获得品质最佳、最有特色的葡萄酒。

2. 瓶内二次发酵　　传统酿造法的这一阶段就是在瓶内进行第二次发酵，然后将瓶内形成的酵母沉淀物除去。

1）装瓶　　经上一阶段获得的葡萄酒为干型（含糖一般低于 2g/L），而且经下胶过滤处理后，酵母含量极少。因此，在装瓶以前应加入糖和酵母。加入的糖应为浓度为 500～625g/L 的蔗糖或葡萄酒糖浆。由于 4g/L 糖经发酵后可产生 1bar 的压力。因此，加入后瓶内糖浓度为 24g/L，可使瓶内的压力达到 5～6bar。

在加入糖浆的同时，应加入用加糖葡萄酒培养的酵母液。酵母液应含酵母细胞 4×10^7～10×10^7 个/ml，同时在加入酵母液后，应使葡萄酒中酵母的含量约为 2×10^6 个/ml，此外，还应加入磷酸铵（15mg/L）、膨润土及藻朊酸盐（每升几十毫克），以利于瓶内发酵和去除沉淀物。在葡萄酒中加入添加物充分混合后，装入瓶内密封。

2）瓶内发酵　　装好酒的酒瓶一般在酒窖内进行发酵。酒瓶应水平地堆放在横木条上，酒窖内温度应为 12～18℃，使瓶内发酵缓慢进行。

3）瓶口倒放和摇动　　将发酵完毕的酒瓶，瓶口朝下插在倾斜、带孔的木架上，并隔一定时间转动酒瓶，进行摇动处理。木架上的孔从上至下，使酒瓶越来越接近倒立状态。这样逐渐使瓶内的沉淀集中到瓶塞处。

4）去塞　　去塞的目的是将集中于瓶塞处的沉淀利用瓶内的气压冲出，并尽量避免酒与泡沫的损失。去塞时，现在一般先将瓶颈倒放于-20℃的冰液中，将瓶口处的沉淀冻结于瓶口处软木塞上，去塞时就可同时去除瓶内的沉淀物。

5）调味　　在去塞以后，如果葡萄酒质量没问题，对酒瓶进行补液，并使所有酒瓶内的酒的容积一样，达到同一水平。可根据成酒风格在补液时加糖。

（二）罐内二次发酵

运用密闭耐压发酵罐减少了传统起泡酒发酵中转瓶等工序，有效降低了成本，适用于工业化生产。其中基酒的发酵流程与传统酿造法一致，基酒发酵完成经过必要处理后（稳定澄清）转入密闭发酵罐进行二次发酵。

五、注意事项

（一）对原料的要求

（1）含糖量不能过高，应在 161.5～187.0g/L，即自然酒精度在 9.5%～11.0%（*V/V*）。

（2）含酸量相对较高，总酸在 8～12g/L（以硫酸计），且苹果酸含量相对较高。

（3）严格避免葡萄过熟。

（二）对品种的要求

品种是决定这类起泡葡萄酒的决定性因素。

1. 适于瓶内发酵法起泡葡萄酒的品种　'黑比诺''霞多丽''白山坡''白比诺''灰比诺'。此外，'雷司令'和一些意大利品种也适用，但质量和陈酿特性都较差。

2. 适于密封罐法起泡葡萄酒的品种（对品种没有瓶内发酵法要求严格）
（1）生产干型起泡葡萄酒的'雷司令''缩味浓'，以及一些意大利品种。
（2）生产芳香型甜起泡葡萄酒的'玫瑰香'型品种等。

（三）气候条件

最佳气候条件是温度相对较低的地区。与温度较高的地区比较，在这些温度较低的地区葡萄的成熟过程缓慢，多酚类物质、芳香物质及苹果酸的氧化程度较轻，葡萄在成熟时，酸度，特别是苹果酸的含量较高。

（四）土壤条件

最好的土壤为钙质灰泥土，同时，土壤必须能够为葡萄提供充足的氮素营养，并且土壤中钾的含量不能过高。

（五）罐内发酵

（1）定期检查耐压发酵罐的密闭性、承压性。
（2）将基酒与含酵母的糖液混匀后，从发酵罐底部注入并打开发酵罐顶部阀门，利用酒精发酵产生的二氧化碳将罐内空气排出（1~2d）后关闭顶部阀门。
（3）发酵结束后可在罐内低温贮存，根据成酒风格可对酵母进行搅拌促进酵母自溶，获取源自酵母的香气及酵母细胞壁中有助于稳定气泡的甘露糖蛋白。
（4）可在装瓶时将用于调味的糖浆提前装入瓶中，降低酒液温度，并运用等压过滤、等压罐装设备进行装瓶。

六、实习作业

（1）起泡葡萄酒的国际标准包括哪几个部分？
（2）起泡葡萄酒对原料有哪些要求？
（3）简述传统法、转移法、密封罐法生产起泡葡萄酒的工艺流程。
（4）绘制酿造起泡葡萄酒的工艺流程图。

第五节　桃红葡萄酒的酿造

一、知识概述

桃红葡萄酒为含有少量红色色素的葡萄酒，由于葡萄品种及酿造方式不同，其色素含量范围较广，但均介于白葡萄酒与红葡萄酒之间。桃红葡萄酒常见的颜色包括黄玫瑰红、玫瑰红、橙红、洋葱皮红、紫玫瑰红。桃红葡萄酒不仅在颜色上，而且在成分上与红葡萄酒都有很大的区别。在使用同一原料时，桃红葡萄酒的酒精度略高于红葡萄酒，干物质含量较低。因此，其酒精/干物质的比值更接近白葡萄酒（6.5左右）（红葡萄酒的这一比值为4.5左右）。所以，桃红葡萄酒在成分和感官特性上更接近于白葡萄酒。

从理论上讲，酿造红葡萄酒的所有原料品种都可以作为桃红葡萄酒的原料品种，目前最常用的优良桃红葡萄酒的原料品种主要有'歌海娜''神索''西拉''马尔贝克''赤霞珠''梅尔诺''佳利酿''品丽珠'等。

各个葡萄品种既有其优点，又有一定的缺陷，而且由于各年份的气象条件的变化，各品种优良特性的表现也随之发生变化，因此，很难用单一的葡萄品种酿造出质量最好的桃红葡萄酒。这就需要各地根据自己的生态条件，选择相应的品种结构。

从酿造工艺上讲，有两类不同的酚类物质：一大类是有利于桃红葡萄酒感官质量的花色素苷，另一大类是不利于感官质量的单宁。花色素苷几乎100%存在于果皮之中，单宁仅有35%～50%存在于果皮之中。在保持原料的完好无损，保证浸渍出所需的花色素苷的同时，应防止种子、果梗等因挤压、破裂而浸渍出影响质量的单宁。

二、基本原理

有时酿酒师会利用压榨完整红葡萄释放的果汁来酿造桃红葡萄酒，然而更常见的操作是采用柔和的工艺破碎葡萄，随后进行短时间浸渍，以浸提适量的色素从而获得桃红的色泽。桃红葡萄酒标准花色苷的含量范围在20～50mg/L。由于浸提得到的单宁含量极低，因此桃红葡萄酒的颜色稳定性较差。尽管浓度很低，花色苷对桃红葡萄酒而言也有着重要的抗氧化作用。

在厌氧条件下进行的浸渍非常重要，因为厌氧条件下不仅限制了重要的挥发性硫醇的氧化，也同时保护了花色苷免于被氧化脱色。有报道称在浸渍过程中添加果胶酶不仅可以改进风味的形成，还可以促进桃红葡萄酒颜色的稳定，这些性质对桃红葡萄酒风味的保持非常重要。

通常只将自流汁用于桃红葡萄酒的生产。压榨汁可能会添加到发酵中的红葡萄酒中或用于其他葡萄酒的生产。压榨汁的花色苷含量通常太高而不能用于桃红葡萄酒的生产，除非葡萄未成熟（在全部着色之前）。此外，压榨汁中的单宁还会给大部分桃红葡萄酒带来不理想的苦味。

有时也会在红葡萄酒的发酵前期抽出一部分果汁用于生产桃红葡萄酒，剩余的浓缩果汁则用于生产红葡萄酒。这一技术被称为分汁法，主要在年份不好或原料着色欠佳时使用。

三、实习材料、试剂与仪器

（1）材料、试剂：桃红葡萄酒常用的葡萄品种；二氧化硫、果胶酶、膨润土、交联PVPP、下胶剂、菌种、发酵促进剂、糖、降酸剂、设备清洗消毒剂等。

（2）仪器：温度计、比重计、量筒、手电、扳手等工具。

四、实习步骤

（一）白葡萄酒酿造法

在使用这一方法酿造桃红葡萄酒时，应尽量避免在压榨过程中压碎果皮，使葡萄汁颜色过深。因此，一般采用二次压榨。第一次压榨时，压力较小，所获得的葡萄汁与自流汁混合发酵。第二次压榨将皮渣压干，压力大。所获得葡萄汁应单独进行发酵或送往葡萄酒的发酵容器中。

（二）分汁酿造法

将经破碎得到的葡萄原浆装入发酵罐，12~15h 后，在发酵触发以前，分离出果汁。分离果汁的量为原料的 20%~25%，然后用白葡萄酒的酿造方法进行酿造。

（三）砖红葡萄酒酿造法

工艺与分汁酿造法相似，其区别在于：①在分汁以前进行较高浓度的二氧化硫（60~120mg/L，由原料的成熟度、卫生状况、pH 及温度等因素共同决定）处理；②浸渍时间较长，为 24h。这样获得的葡萄酒的色素、单宁、矿物质的含量比其他桃红葡萄酒的高一些，葡萄酒柔和、爽口、果香味浓。

（四）混合酿造法

混合酿造法分为不同类型，其中包括根据葡萄原料及所酿酒风格，合理搭配红白葡萄品种混酿；另外，也可用红葡萄品种进行破碎而不浸渍，皮汁分离后使用下胶剂等材料进行果汁的脱色，并对脱色后的葡萄汁进行酒精发酵，最后混合一定比例同一品种的红葡萄酒制成。

五、注意事项

由于桃红葡萄酒必须保证获得所需的色调，同时尽量提高花色素苷/单宁的比值，因此酿造桃红葡萄酒应遵循以下原则。

1. 保证原料完好无损 要酿造优质桃红葡萄酒，必须保证原料充分完好地进入葡萄酒厂。破碎的原料容易氧化，影响酒的品质。

2. 减少不必要的机械处理 过多的机械处理不仅浪费时间和成本，还会对原料造成不良影响，极易损坏原料的完整性。

3. 浸渍温度不超过 20℃ 在酿造桃红葡萄酒时应该区别两大类作用不同的酚类物质。一大类是有利于桃红葡萄酒感官质量的花色素苷，另一大类是不利于质量的单宁。所以应将浸渍温度控制在 20℃以下，并且不超过 24h，获得所需色调，并且在此范围内尽可能提高花色素苷/单宁的比值。

4. 用澄清汁进行发酵 应在酒精发酵开始以前将皮渣分离出去，若分离时酒精发酵已经开始，所酿成的酒就会失去传统桃红葡萄酒的芳香特征。

5. 发酵温度控制在 18~20℃ 应该用澄清的桃红葡萄汁在 18~20℃进行酒精发

酵。酒精发酵的管理及其以后的陈酿同干白葡萄酒。

6. 防止氧化 葡萄汁极易被空气氧化，氧化后严重影响葡萄酒整体的品质，因此在生产中通常加入一定量的二氧化硫防止其被氧化。

六、实习作业

（1）桃红葡萄酒合理的工艺应保证哪些方面？
（2）发酵结束的桃红葡萄酒苦涩味重是什么原因？
（3）不同颜色的酒种与浸渍的关系是什么？

第六节　白兰地的酿造

一、知识概括

本节主要讲述白兰地的定义、分类、对原料的要求和生产工艺。了解白兰地的酿造方法和工艺流程，熟练掌握白兰地的酿造原理。

我国规定（GB/T 11856—2008），白兰地是以葡萄为原料，经发酵、蒸馏、橡木桶贮存、陈酿、调配而成的，酒精度（20℃）为38%～44%（V/V）的葡萄蒸馏酒。白兰地的酒龄（age of Brandy）是白兰地原酒在橡木桶中贮存陈酿的年龄。白兰地可分为以下4级。

特级：最低酒龄为六年，定为"XO"级；
优级：最低酒龄为四年，定为"VSOP"级；
一级：最低酒龄为三年，定为"VO"级；
二级：最低酒龄为两年，定为"三星（包括VS）"级。

我国生产白兰地的历史很长，元时始有。现在生产的主要有白兰地、皮渣白兰地及皮渣发酵蒸馏白兰地。

二、基本原理

白兰地可分为葡萄白兰地和水果白兰地两大类，而对于前者，可直接称之为白兰地。在白兰地中，主要有白兰地（用葡萄酒蒸馏）和皮渣白兰地两大类。用于生产白兰地的葡萄品种主要是中性（几乎没有香气）的品种，其葡萄原酒最好是白色、酒精度较低［8.0%～11.5%（V/V）］、酸度较高（4.0～8.0g H_2SO_4/L），没有经二氧化硫处理。用于生产皮渣白兰地的葡萄品种则主要为芳香型品种。

白兰地的蒸馏方式主要有非连续性的壶式蒸馏和连续性塔式蒸馏。但无论采用何种方式，其馏出酒的酒精度应低于86%（V/V），挥发物总量应大于1.2g/L（纯酒精），甲醇含量应低于2.00g/L（纯酒精）。但是，现在大多数白兰地则采用连续性塔式蒸馏（Kourakou-Dragonas，1988）。

皮渣白兰地的蒸馏主要采用蒸气蒸馏，当然，也可采用其他蒸馏方式，而且用不同蒸馏方法所蒸得的皮渣白兰地的化学和感官分析结果没有明显差异。

三、实习材料与仪器

（1）材料：白葡萄品种，部分红葡萄品种。
（2）仪器：非连续性壶式蒸馏器或连续性塔式蒸馏器等。

四、实习步骤

（一）原酒酿造

原料—取汁—酒精发酵。酿造白兰地的葡萄多采用白葡萄品种，因为用白葡萄酒蒸馏的白兰地的质量优于用红葡萄酒蒸馏的白兰地。与红葡萄酒比较，白葡萄酒单宁、挥发酸含量较低，总酸较高，所含杂质较少，所以蒸馏出的白兰地更为醇和、柔软。此外，原料品种必须不具异香。皮渣分离后发酵，整个葡萄加工及发酵、贮存期间不得使用二氧化硫等，否则随后的蒸馏会产生硫化氢等物质，影响白兰地的风味。发酵过程中不加任何辅助物（也有研究认为加200ml/L尿素更好），自然发酵最好。发酵管理与白葡萄酒相同。

（二）原酒保存

白兰地等待蒸馏的中期，果香的细腻程度逐渐减少，而果香的强度达到最大。此时要低pH，低温，保持车间、容器卫生清洁，隔氧操作，尽快发酵，酒精发酵结束后，应带酒脚满罐密封贮藏，也有的进行一次转罐，去掉大颗粒酒脚。

（三）蒸馏

蒸馏工艺有承前（原酒）启后（白兰地）的重要作用，保留品种香气及发酵香气，提供陈酿时的前体芳香物质，因而白兰地的蒸馏绝不仅仅是单纯的发酵酒的酒精提纯。蒸馏酒精度不可太高，法国对白兰地原料酒的蒸馏酒精度要求不可高于86%（V/V），一般是在68%~72%（V/V）范围内。

白兰地原料酒中除酒精以外的挥发性物质主要有醛类、酯类、高级醇类及其他成分，蒸馏就是将原酒中存在的不同沸点的各种醇类、酯类、醛类、酸类等通过不同的温度用物理的方法将它们分离出来。这些物质是否能从原料酒中蒸馏出来，不但取决于沸点，而且更重要地取决于蒸馏系数，某物质的蒸馏系数是指酒精中所含挥发性物质的蒸发系数与酒精蒸发系数之比。

（四）陈酿

新蒸馏出的白兰地品质粗糙，香味尚未圆熟，只有经过橡木桶陈酿一定时间后才能达到优良的品质。在陈酿过程中白兰地主要发生体积减少、酒精度降低等变化。白兰地的陈酿一般分为以下三个阶段。

第一阶段（5年以下），在这一阶段中，70%（V/V）的白兰地对新木桶壁表层中的单宁物质的浸出作用很强，并导致挥发酸的形成，特别是在前两年中，提高含酸量。挥发性芳香物质之间逐渐达到平衡；木质素和半纤维素的醇解开始进行。这时的白兰地仍具有新白兰地的香气，但已有焖橡木味和较淡的香草香味。由于未氧化单宁含量较高，口味较为粗糙，颜色为浅黄色。

第二阶段（5～10年），由于白兰地与橡木桶内壁表面之间单宁浓度梯度的下降，单宁的浸出量逐渐下降；单宁的缓慢氧化使白兰地粗糙的口味消失，颜色加深；由于酸从橡木桶壁被白兰地提取，白兰地酸度仍然上升；木质素和半纤维素的醇解加重，酯的醇解继续进行。这一阶段的白兰地，由于芳香醛含量的不断增加，逐渐表现出明显的香草和花香等特点。

第三阶段（10～30年），单宁的浸出停止，但由于酒精和水分的挥发，白兰地体积减小，单宁的浓度仍然逐渐升高；由于酸度的增加，木质素和半纤维素的醇解加强，形成典型的清香；白兰地酒体变稠，密度升高；由于酒精度下降和由半纤维素水解引起的含糖量的升高，口味更为柔和。这时，白兰地的陈酿特性很明显，香气逐渐变浓。

五、注意事项

（1）桶内留有 1%～1.5%的空隙，防止温度变化溢桶，保持一定空气，利于氧化，同品种、同质量白兰地每年添桶2或3次。

（2）湿度 70%～85%，温度 12～18℃。

（3）定期检查色、香、味及木桶状况。

（4）新旧桶交替：已经使用了3～15年的小木桶是贮藏的最佳时期，20年后仅为盛酒容器；1吨以上的大桶，5～20年最佳，30年后仅为容器。有将较差的酒贮藏在新桶中的观点。

（5）贮藏 6～7 年即是陈酿白兰地，最高年限 40～50 年（一般）；也有说法认为超过 60 年白兰地再难从桶中得益，还会变坏。

六、实习作业

（1）阐述白兰地的定义及分类。
（2）绘制白兰地的工艺流程图。
（3）白兰地在陈酿中的变化有哪些，具有什么特征？

第七节　酒精发酵的启动与监控

一、知识概括

本节主要讲述酵母的特性、酒精发酵的原理及影响酒精发酵的因素。了解葡萄酒酿造中所使用的酵母的特性、酒精发酵的原理，掌握酵母对葡萄酒质量影响的双重性，酒精发酵的各种条件对酒质的影响，为葡萄酒酿造、酒精发酵的控制打下坚实的基础。

酒精发酵是指通过酵母将葡萄中的糖分转化为酒精和二氧化碳的过程。酒精发酵通常与浸渍同时进行。葡萄粒选和穗选完成，经过破碎除梗，将葡萄汁和皮籽一起放入不锈钢发酵罐中，使其一边发酵一边浸渍。较高的温度会加深葡萄酒的颜色，但超 35℃就有可能会使酵母失活，并丧失葡萄酒的新鲜果香，所以温度的控制必须适中。发酵时产生的二氧化碳会将葡萄皮渣推到不锈钢罐顶端形成"酒帽"，无法达到浸渍的效果，此时便可通过

"淋帽"让皮渣和葡萄汁充分混合,但这一操作通常和泵配合进行。浸渍的时间越长,释入酒中的酚类物质及香味物质越浓。当酒精发酵完成,浸渍达到预期的程度之后,就可以把葡萄酒放入另一个发酵罐,这部分成为自流酒。葡萄皮渣的部分还含有少量的葡萄酒,需经过榨汁取得。此时,酒精发酵结束。

二、基本原理

葡萄酒通常都是通过分批发酵生产的。因此,营养成分的可获得性在发酵初期达到最大值,并在随后急剧下降。发酵结束时,酒液中仅剩无法被酿酒酵母利用的残糖,如阿拉伯糖、鼠李糖等五碳糖。分批发酵通常具有四个阶段的生长模式,即停滞期、对数期、稳定期和下降期。接种后,细胞需要立即开始适应环境。由于一些细胞并不能在培养基质变化中适应,这段时间内产生的新细胞的数量与死亡的细胞数量大致相等,这一时期称之为停滞期,在这一时期内,细胞内部也不断合成帮助其适应环境的化合物,如甘油、脂肪酸等,以及为之后的酒精发酵准备所需的酶。一旦适应完成,大部分细胞开始以一个稳定的速度大量繁殖,直至环境变得不适宜。因为大部分微生物都是单细胞生物,生长曲线类似于指数方程,这一阶段相应地就被称作对数期或指数期。在这一阶段,活细胞总数会迅速增加到其最大值。随着营养成分含量的下降,有毒代谢副产物逐渐积累。因此,在快速生长之后,细胞分裂(生长)的速度下降并接近于细胞死亡(或变成代谢失活状态)的速度,此时培养物已经进入了稳定期。随着营养状况的持续恶化及有毒代谢物含量的持续增加,细胞死亡比分化更多。在这一点上,培养物就进入了下降期。由于大部分活细胞不能被代替,菌落最终会死亡或休眠。

酵母生长中停滞期的减短或消失可能是由于引起细胞的预适应状态造成的。通常用于果汁接种的活化干酵母来自人工培养。尽管这些细胞具有有功能的线粒体,可以进行呼吸,但同时它们也具有发酵所需的全套酶。因此,在葡萄果汁中由呼吸向发酵的转变只需要很少的时间。类似地,葡萄上生长的野生酵母只需要较少的酶来适应并开始快速的细胞生长。果皮上的野生酵母细胞通常浸浴在采收过程中破损葡萄所释放的果汁中,可能会在酿酒厂中发酵"正式"开始前就已经度过了停滞期。此外,生长在浆果果皮上的酵母可能会在有限的并且浓缩的营养物质的状况中存活下来,甚至来自于酿造设备的休眠酵母接种物也含有全套的酶,并且在葡萄果汁中可以快速适应,以此进行快速的起始生长。

发酵是代谢的一种能量释放形式,在这一过程中底物(原初电子供体)和副产物(最终电子受体)都是有机化合物。它与呼吸作用根本上的差别在于其不需要涉及分子态的氧。尽管有着许多发酵路径存在,酿酒酵母还是会进行最为普遍的酒精发酵。在这一过程中,乙醇扮演着最终电子受体(副产物)的角色,而葡萄糖则是首选的电子供体(底物)。尽管酵母也具有呼吸的能力,即使在有氧存在时,其最主要的代谢也是进行发酵。尽管大部分有机体都可以发酵糖类物质,但它们仅仅在氧气缺乏时才进行发酵。其部分原因在于发酵通常的最终产物乳酸或乙醇具有一定的毒性作用。此外,发酵在本质上是一种效率较低的能量释放模式。例如,酒精发酵只能将葡萄糖6%~8%的化学结合能转化为易于获取的代谢能[三磷酸腺苷(ATP)]。很多能量仍旧保留结合于最终电子受体乙醇之内。除了占有优势的酒精发酵和乙醇耐受性,酿酒酵母还具有较强的渗透压抗性,对于高酸的相对不敏感性,以及对于低氧浓度的接受性。因此,它具有在果汁中生长较强的预适应性,并且可以排除果汁中其他潜在竞争者的生长。一旦主宰了环境，并且在发酵底物缺乏的时候，如果可以获得氧气，酿酒酵母还可以转变，通过呼吸作用利用已经积累了的乙醇。

酵母在葡萄醪中的生长受多因素影响，进而影响酒精发酵，其中包括温度、葡萄醪含氧量、酸度、酵母自身代谢产物等。与孢子状态不同，液态酵母最适温度为20～30℃，超过范围的低温与高温都会影响酵母繁殖速度与正常生理活动，可能减缓或意外终止酒精发酵。与温度类似，酵母也有较适宜的pH范围，其在中性或酸性条件下发酵能力更强，过低的pH（3.0以下）不利于酵母的活动，而过高的pH也会影响二氧化硫的分子态，进而影响葡萄酒的生物稳定性，因此保持葡萄酒在适宜的pH范围（3～4）有利于酵母的正常工作。发酵过程中，酵母本身会分泌一些抑制自身活性的物质，如脂肪酸，而添加高温灭活的酵母菌皮可帮助吸附这些物质，提高发酵结束时的活性酵母的数量。葡萄醪的含氧量也是发酵过程中需要重点关注的因素，在完全无氧条件下，酵母的繁殖代数会受到限制，缺氧时间过长会导致酵母细胞死亡，而适量的通氧可帮助酵母重新开始出芽繁殖。

在发酵过程中，乙醇和其他有机物的释放可以改变葡萄醪的溶解性质，帮助从葡萄籽和皮中萃取化合物。数量上，最重要的可溶性化合物是花色苷和单宁。特别是单宁的萃取主要依靠乙醇的溶解作用。花色苷的萃取在3～5d后会达到最大值，此时发酵过程中产生的酒精含量已经达到了5%～7%。随着酒精含量的持续升高，颜色强度可能会开始下降。这可能是由于花色苷与葡萄皮渣和酵母细胞壁中的多糖相结合或共沉淀作用造成的。然而，颜色损失的主要原因是果汁中脆弱的花色苷复合物的裂解，葡萄酒中游离的单体花色苷的阳离子可能受水分子攻击，转变成其无色的状态。尽管单宁化合物的萃取更加缓慢，单宁含量经常会超过花色苷的含量。从果梗（花序轴）萃取的单宁会在7d后达到一个稳定状态。来自葡萄籽的单宁释放得最为缓慢，它的积累可能在几周之后仍然保持活跃。乙醇也会促进来自葡萄细胞的一些香气化合物的溶解。遗憾的是，我们对这一步骤的动力学至今还知之甚少。相反地，乙醇可以降低其他葡萄成分的溶解性，主要是果胶和其他碳水化合物多聚体。发酵过程中，果胶的含量可能会下降达到70%。

酵母的代谢活动在产生许多重要的葡萄酒香气物质（主要是高级醇、脂肪酸和酯）的同时也降低了一些来自葡萄果实自身的香气物质（主要是醛）。这可以潜在地抑制在葡萄破碎过程中产生的 C_6 醛和 C_6 醇所产生的草本味。酵母也可以通过将羟基肉桂酸脱羧生成其相应的乙烯基苯酚来影响葡萄酒的风味。更特别的是，发酵也对一些品种香气的释放起着主要的作用，主要是一些与糖苷或半胱氨酸结合的非挥发性复合物，如 4-巯基-4-甲基-2-戊酮（4-mercapto-4-methylpentan-2-one，4MMP），这是'长相思'和其他一些品种所酿造的葡萄酒中重要的化合物。由于不同的酵母菌株释放4MMP的能力有着极大的区别，选择菌株可以极大地增强或减轻相关化合物的影响。酵母也涉及半胱氨酸复合物中硫醇物质的释放，主要是 4-巯基-4-甲基-2-戊醇（4-mercapto-4-methyl-2-pentanol）和 3-巯基-3-甲基-1-丁醇（3-methyl-3-sulfanylbutan-1-ol）。此外，酵母还能够水解葡萄的糖苷类物质，释放出游离的香气物质，如单萜和C13-降异戊二烯。

三、实习材料、试剂与仪器

（1）材料、试剂：酿造红葡萄酒的葡萄品种；酵母、果胶酶、二氧化硫等。
（2）仪器：不锈钢发酵罐、温度计、比重计、水浴锅等。

四、实习步骤

（一）酵母活化

目前，大部分酒厂使用活性干酵母来启动葡萄酒的酒精发酵。在接种前，需对活性干酵母进行活化，主要步骤为以下几点。

（1）按酵母剂量计算所需酵母克数，并按照10～20倍体积准备温水或温水：葡萄汁（2：1），并按推荐剂量添加酵母助剂并混匀，用水浴锅将混合溶液保持在37～40℃。

（2）加入活性干酵母粉，充分混匀，在37～40℃下静置15min。

（3）酵母活化时体积增大并会产生气泡，静置15min后搅拌均匀。

（4）从水浴锅取出活化酵母，待温度降低后（与葡萄汁温差10℃以内）加入发酵罐中，并通过循环充分混匀酵母与葡萄醪。

（二）发酵过程管理

为保证发酵的顺利进行，需对酒精发酵过程全程监控。多种因素会导致发酵的困难和意外中止，主要包括葡萄醪的高含糖量、温度、含氧量、营养、代谢副产物、pH及酵母或杂菌产生的抑制性副产物。因此，发酵开始前需视情况进行以下预防措施。

（1）保证环境与设备的卫生状况，根据原料的状况进行二氧化硫处理。

（2）可用果胶酶对白葡萄酒的果汁进行澄清，但不可澄清过度。

（3）除要进行自发启动发酵外，及时进行活性干酵母的接种。白葡萄酒的添加时间为澄清后，红葡萄酒的添加时间为二氧化硫处理12h后。

（4）对果汁进行氮素含量的检测，并在发酵开始时及时补充并充分混匀。

（5）发酵过程中，每日对葡萄醪进行两次相对密度检测，其中红葡萄酒每日需要两次开放式倒罐，相对密度检测可在倒罐混匀后进行。

（三）对发酵中止的处理

发酵过程中的相对密度检测可帮助判断发酵是否顺利进行，当发酵汁相对密度在24～48h内不再下降，酒精发酵就有意外中止的风险，需根据具体情况采取措施促使发酵重新启动。措施包括以下几点。

（1）及时进行皮汁分离、通气、降低发酵温度、二氧化硫处理。

（2）接种酒精耐受力强的酵母及酵母助剂。

（3）如葡萄醪受杂菌污染较严重，可根据现有条件将葡萄汁瞬时升温至70～80℃，降温后进行酵母接种。

五、注意事项

酵母接种时需要注意以下几点。

（1）不要用纯葡萄汁活化酵母，高浓度的糖等化合物对酵母的活化是胁迫因素，会使酵母适应期变长或无法适应。

（2）活化时间不宜过长，控制在30min以内，充分考虑活化后降温所需时间。

（3）活化所需容器需提前清洁消毒。

在酵母生长和酒精发酵中要特别注意以下事项。

1. 温度 　　13～14℃发酵启动困难，随着温度升高发酵加快，当温度达到20℃时，酵母的繁殖速度加快，每升高1℃，发酵速度就可提高10%，在30℃时达到最大值。35℃酵母衰老快，一定范围内乙酸乙酯和甘油的生成量随温度的升高而增加，高级醇也是25℃比15℃时的生成量高。

2. 压力 　　压力为0.8MPa时酵母停止生长繁殖，1.4MPa时酒精发酵停止，3MPa时酵母死亡。用外加0.8MPa二氧化碳防止酵母生长繁殖，保存葡萄汁。

3. 悬浮固形物 　　悬浮固形物可促进二氧化碳释放，酵母的细胞以湍流运动动态接触基质，提高酒精产率和高级醇的生成，酒的香味变差。要注意澄清处理的强度。

4. 氧（通气） 　　微量的氧对酵母吸收长链脂肪酸、合成甾醇类、维持酒精发酵是必不可少的，氧多时，乙酸乙酯、高级醇（尤其是小于6个碳原子的一元醇混合物）生成量多；无氧时，6个碳原子（6C）以上的酯生成量多。缺氧时间过长多数酵母细胞会死亡。要合理利用通气对酒精发酵的影响。

5. 糖 　　0～20 g/L的糖发酵速度最快，50 g/L开始有抑制作用，250 g/L发酵延滞，700 g/L时大多数酵母不能生长和发酵。

葡萄汁加糖发酵，高级醇和乙醛生成多。

6. 发酵代谢产物 　　酒精和二氧化碳是主要的代谢产物，对酒精发酵有抑制作用。中间产物脂肪酸对酒精发酵也有抑制作用，用活性炭和酵母菌皮可以吸附脂肪酸。

六、实习作业

（1）酒精发酵分为哪几个时期？各有什么特点？其主要副产物有哪些？

（2）影响酵母生长和酒精发酵的因素有哪些？

（3）应该从哪些方面保证酒精发酵的顺利进行？

第八节　苹果酸-乳酸发酵

一、知识概括

本节主要讲述苹果酸-乳酸发酵的机制、作用、控制技术和工艺条件。了解苹果酸-乳酸发酵的机制、作用，掌握现代葡萄酒酿造的基本原理，掌握苹果酸-乳酸发酵对干红葡萄酒的必要性及其控制技术和工艺条件。

苹果酸-乳酸发酵是在葡萄酒酒精发酵结束后，在乳酸菌的作用下，将苹果酸分解为乳酸和二氧化碳的过程，但更确切地讲，应该是将L-苹果酸分解成L-乳酸和二氧化碳的过程。因为葡萄酒中的苹果酸为左旋体（L-苹果酸），经乳酸菌的作用后也只生成L-乳酸，即

$$\text{L-苹果酸} \longrightarrow \text{L-乳酸} + \text{二氧化碳}$$

二、基本原理

苹果酸-乳酸发酵（简称苹乳发酵）是大部分红葡萄酒酿造所必需的：苹果酸-乳酸发

酵可降低酸度（将二元酸转化为一元酸），同时降低生酒的生青味和苦涩感，使之更为柔和、圆润、肥硕。苹果酸的消耗也增加了葡萄酒的生物稳定性，提高其贮存能力。

对于白葡萄酒情况则较为复杂：对于含糖量高的葡萄原料，酒精发酵应在酒-糖达到其最佳平衡点时终止，同时避免苹果酸-乳酸发酵；对于干白葡萄酒，有的需要在酒精发酵结束后进行苹果酸-乳酸发酵，而对于那些需要果香味浓、清爽的干白葡萄酒则不能进行苹果酸-乳酸发酵。传统的苹果酸-乳酸发酵通常在酒精发酵完成后再接种启动，也称顺序接种（sequential inoculation）。近年来，随着对乳酸菌的深入研究及优良菌种的培育，乳酸菌的接种已不再限于常规的顺序接种。相关研究表明，将乳酸菌与酵母同时接种，可使乳酸菌受到较少胁迫（高酒精度、营养含量低等），并可显著缩短整体的发酵长度。然而，由于酵母、乳酸菌菌种的差异性，仍需根据实际情况进一步研究酵母与乳酸菌间的互作机制，从而更为精准地把控发酵进程。

苹果酸-乳酸发酵过程需要严格监控，乳酸菌除去转化苹果酸为乳酸这一途径外，还可能通过环境因素（如 pH、温度）等多种途径对葡萄酒中的有机酸、含氮组成分分解代谢产生对葡萄酒品质不利的成分，如生物胺、氨基甲酸乙酯、双乙酰等。另外，在苹果酸-乳酸发酵完成后未采取终止措施，加上 pH、温度过高且二氧化硫浓度偏低，一些乳酸菌可能会分解酒石酸、甘油等，从而产生一系列病害。

三、实习材料与仪器

（1）材料、试剂：酵母；碳酸氢钾、二氧化硫等。

（2）仪器：发酵罐。

四、实习步骤

以下主要列出传统的苹果酸-乳酸发酵中的自然触发，以及顺序接种及控制要点。

（1）酒精发酵（一次发酵）结束后，运用开放式分离（红葡萄酒）将酒液转移至提前清洁消毒的控温发酵罐中。

（2）将葡萄酒温度控制在 20℃，可帮助自然触发和接种的乳酸菌尽快启动发酵并顺利进行。

（3）启动苹果酸-乳酸发酵前需检测葡萄酒的 pH，如果 pH 过低（pH<3.2），酵母适应期过长，这时可使用碳酸氢钾适当提高 pH，帮助发酵顺利启动。但更有效的方法是在原料处理时检测并预判酒精发酵完成的 pH，并对原料进行酸度调整，以及接种对低 pH 适应力强的菌种（如酒球菌）。

（4）严格控制二氧化硫的用量。由于酵母发酵过程也会产生部分二氧化硫，因此对原料的处理不能超过 60mg/L，并尽量用产二氧化硫低的优选酵母。

（5）提前活化乳酸菌，使群体数量达到 10^6cfu/ml 以上。

（6）发酵过程中，通过 pH 及挥发酸、苹果酸、乳酸等有机酸的分析检验，监控发酵进程。可运用层析法对酒液进行分离，可通过与标准品的对比试验观测苹果酸与乳酸的变化。同时，需定期用酶分析法测定 D-乳酸含量，如含量上升，说明乳酸菌可能启动分解葡萄酒其他成分的代谢途径。

（7）发酵过程中每周进行挥发酸的测定。

（8）在苹果酸-乳酸发酵完成后，为避免乳酸菌开始分解残糖、酒石酸、甘油等成分，需对葡萄酒进行分离，使用二氧化硫（50~80mg/L）或通过调节温度等手段终止发酵。

五、注意事项

如果葡萄酒需要进行苹果酸-乳酸发酵，就必须满足以下条件。

（1）对原料的二氧化硫处理不能高于60mg/L。

（2）用优选酵母进行发酵，防止酒精发酵中产生二氧化硫。

（3）酒精发酵必须完全（含糖量小于2g/L）。

（4）当酒精发酵结束时，不能对葡萄酒进行二氧化硫处理。

（5）将葡萄酒的pH调整至3.2。

（6）接种乳酸菌（大于10^6CFU/mL）。

（7）在18~20℃的条件下，添满、密封发酵。

（8）利用层析法分析观察有机酸，特别是苹果酸的变化，或用酶分析法测定D-乳酸的变化，并根据分析结果对苹果酸-乳酸发酵进行控制。

（9）在苹果酸-乳酸发酵结束时，立即分离转罐，同时进行二氧化硫（50~80mg/L）处理。

五、实习作业

（1）简述苹果酸-乳酸发酵的作用机制。

（2）影响苹果酸-乳酸发酵的因素有哪些？

第四章 葡萄酒后期管理实习实践

第一节 装 瓶

一、知识概述

葡萄酒装瓶是葡萄酒酿造的最后一个环节，装瓶看似简单，但却很有讲究，若在装瓶环节出现纰漏，所有的辛劳都会付诸东流。良好的葡萄酒的装瓶操作可以促进葡萄及酒的销售及批发，对葡萄酒的感官质量也有一定的影响。装瓶不仅要注意装瓶操作过程中存在的相关问题，也要关注装瓶后贮藏过程中潜藏的问题。故装瓶过程中需要做到装瓶前检验葡萄酒的质量；装瓶过程中保证设备和装瓶场地的卫生清洁状况；装瓶后检查装瓶的质量等相关工作。

（一）葡萄酒瓶的文化

1. 酒瓶的颜色　　葡萄酒酒瓶的颜色对保护葡萄酒不受光线的影响非常重要。由于葡萄酒瓶材质是玻璃，玻璃中含有的氧化铁的种类不同则酒瓶的颜色也会不同。因此，可根据酒瓶颜色的种类和深浅上存在的差异，使酒瓶可对透过酒瓶的光线种类进行过滤、选择。例如，无色酒瓶主要阻止紫外线和紫光，而选择透过几乎所有其他光线；绿色酒瓶则更有效地阻止紫外线和紫光，主要选择透过黄光。在无色酒瓶中，白葡萄酒的成熟速度比在有色酒瓶中要快。在浅色瓶中，葡萄酒的氧化还原电位不仅下降速度快，而且极限值也较小。因此，对于那些需要在瓶内还原条件下形成醇香的白葡萄酒，无色酒瓶是较为理想的。而对于那些特别是用芳香葡萄品种酿制的、需保持其清爽感和果香的白葡萄酒，无色酒瓶显然是不适宜的。无色酒瓶的另一个缺点是降低氧化还原电位，还原铜离子，从而造成铜破败病。即使对于透光性弱、对光线的作用不太敏感的红葡萄酒，也是在深色酒瓶中成熟得最好。因此，应根据葡萄酒的种类不同，选择酒瓶的颜色。一般情况下，红葡萄酒多使用深绿色或棕绿色的酒瓶；白葡萄酒可选用无色、绿色、棕绿色或棕色的酒瓶。

2. 酒瓶的容量及形状　　酒瓶容量以 750mL 最为常用，也存在容量为 125mL、250mL、500mL 和 1000mL 的酒瓶；全球葡萄酒酒瓶的形状数以百计，但是以下三种最为常见，它们是波尔多酒瓶、勃艮第酒瓶和阿尔萨斯酒瓶。大多数酿酒师采用的都是这三种，因为它们都可以平放，使酒液和橡木塞密切接触，保持软木塞的湿度，密封性能良好，能够避免氧气渗入。

酒瓶的瓶颈形状。标准瓶的瓶颈的形状应能满足外径大小与瓶帽大小相适应，内径大小与灌装机头和木塞大小相适应。通常情况下，瓶颈的"木塞区"的内径为（18.5±0.5）mm，而在离瓶口45mm处的内径最大为21mm，所以瓶颈的形状近似于圆锥形（图4-1）。

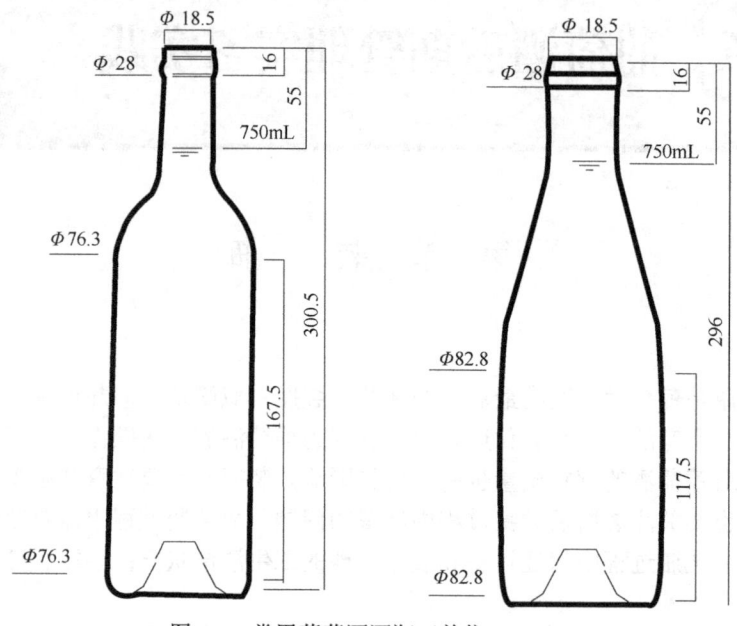

图 4-1　常用葡萄酒酒瓶（单位：mm）

（二）装瓶前的准备工作

首先，进行葡萄酒质量的检测与处理，在装瓶前对葡萄酒进行稳定性试验、感官品尝，以及化学分析等操作。

其次，是保证生产环境卫生条件清洁。灌装车间应为无尘环境，保持正压过滤空气。车间内必须达到国家 GB12696—2016《食品安全国家标准　发酵酒及其配制酒生产卫生规范》要求，灌装线现场要保持整齐、整洁；车间及附近区域的地面、地沟、墙面要有防水、防湿性能；易清洗、排水。车间要明亮、通风。地面、地沟要经常刷洗，做到室内无异味。

在岗工作人员需认真负责，工作人员及操作人员要按照国家食品卫生法要求及安全生产操作规程上岗，杜绝不文明行为和不规范操作。

最后，进行的是包装物质量检测，包装物包括木塞、胶帽、酒标、酒瓶、纸箱等，保证质量达标。此项检测对后期葡萄酒的销售有着重大影响。

（三）装瓶

灌装最佳条件为设备安装正确；灌装机应便于清洗和消毒，维护良好；在酒瓶内葡萄酒的高度应保持一致。目前比较常用的葡萄酒灌装设备可分为等压灌装和负压灌装两种类型，其中等压灌装是借助储酒槽和酒瓶之间的势能差，通过虹吸作用来实现的；而负压灌装是先将瓶内抽成真空形成负压状态，从而有助于酒液流入瓶内。

环境卫生清洁，由于灌装间的空气可直接与葡萄酒接触，所以灌装间必须密闭，其中的空气必须无菌。因此，对空间环境的杀菌非常重要，可采用物理、化学方法相结合进行杀菌。在工作中随时处理灌装中产生的碎瓶并冲洗工作面。工作结束后，对密闭灌装间的地面、四壁及灌装设备外壁彻底洗刷。要做到灌装间的地面和灌装设备外壁干净，四壁干净、明亮。每天必须检查灌装间的清洗情况。定期对灌装线的密闭灌装间抽测空气清洁度。

灌装机是影响葡萄酒质量的关键设备，其有储酒槽、真空管道、储酒管头等。储酒槽一般用蒸汽或90℃左右的热水杀菌半小时左右；真空管道在进空气的管路上安装过滤装置可以滤去微生物；储酒管头用70%左右的酒精擦洗杀菌。

（四）软木塞

软木塞是蜂房状的皮层组织，具有与泡沫塑料相似的中空结构。软木是由大小约40μm的六边形细胞构成的、体积1cm^{3}的软木，含有1500万~4000万个细胞。软木的木栓组织并不完全均匀，一些孔壁木质化程度不同的小孔（即皮孔）横向地穿过软木的木栓组织。

在皮孔中充满了棕红色的、富含单宁的粉状物，在用软木塞封瓶时，这些粉状物可掉入瓶中，因此，在生产木塞时，应将这些粉状物除去。在气体和液体能透过的皮孔中，含有霉菌、酵母菌和其他微生物。而最好的软木皮孔数量很少，因此，商业上依据皮孔的数量和大小对软木进行了分级。

软木的压缩性与其含有气体的比例相关。在压缩时，软木的体积减小。其原初体积的回弹分为两步：在压力停止时，木塞可恢复至原有直径的4/5；回弹至原初体积，则需要24h以上。

有两个概念经常被混淆，即柔软性与弹性。软软的木塞不一定具有弹性，它很容易被压缩，但不反弹或反弹很小。使用柔软的木塞时，回弹的第一步较好，而较硬的木塞对回弹的第二步则更好。

木塞的摩擦系数高，在表面的滑动性小。在割开软木时形成的细胞切面的帽状体就像很多微小的吸盘一样，能吸附在瓶颈内壁上，再加上它对瓶颈内壁的压力，就能保证密封性。

近几年，金属螺旋盖在我国已逐渐被人们接受和使用。这是因为用螺旋盖密封不会给葡萄酒串上软木塞味，又能有效防止空气进入，可以较大程度地防止葡萄酒的渗漏和氧化变质。

化学合成塞是用发泡剂聚烯烃发泡而成，外面有一层硬质光滑的包裹层，即食品级硅树脂涂层。目前对这类瓶塞的利用及其对葡萄酒质量的影响的研究也越来越深入。

（五）葡萄酒的勾兑

虽然现在的消费者趋向于消费单品种葡萄酒，但事实上在多种情况下，单品种葡萄酒间的勾兑往往可以获得很好的结果：这可以使酿酒师要生产的葡萄酒在保证其风格的前提下达到平衡。在各种葡萄酒产区，由于各个葡萄品种既具有一定的优点，又有一定的缺点，所以通常都具有一定数量的、能够相互补充、"取长补短"的葡萄品种。为了最大限度地提高葡萄酒的质量，并且使各年份之间的葡萄酒的质量及其特征、风格基本一致，就需要利用不同品种的葡萄酒和不同发酵罐的葡萄酒进行相互勾兑。此外，葡萄酒的勾兑还可以用于修正一些葡萄酒的缺陷，生产适于某一类顾客要求的葡萄酒类型等。

二、实习仪器

洗瓶机、罐装机、压塞机、热缩胶帽机、贴标机等。

三、实习步骤

（一）葡萄酒质量的检测与处理

将酒样在结冰状态下维持 8~24h，冰晶融化后若出现盐的结晶，则表明酒不稳定，反之表明酒样稳定。将酒液含在口中像漱口一样，让整个口腔充分接触酒液，以便更好地感受其酒体、酸度、甜度、风味和余味等。品尝红葡萄酒时还需要注意感受酒液中的单宁，并对总酸和挥发酸、铜和铁，以及蛋白质的含量、细菌和酵母计数、二氧化硫总量和游离的二氧化硫进行分析。

（二）灌装机的卫生清洁和杀菌

灌装机是影响葡萄酒质量的关键部位，如有储酒槽、真空管道、储酒管头等。储酒槽一般用蒸汽或 90℃左右的热水杀菌半小时左右；真空管道在进空气的管路上安装过滤装置以滤去微生物；储酒管头用 70%左右的酒精擦洗杀菌。对设备的检测，凡是与封装相关的设备，包括除菌过滤系统、酒瓶输送系统、酒瓶清洗杀菌系统、葡萄酒装瓶系统、木塞输送系统、木塞封口系统、胶帽热缩系统、标签粘贴系统、装箱封箱系统和链道输送系统必须符合食品卫生要求，保证设备完好，运转正常，并及时在使用设备前后对其进行清洗、消毒、杀菌处理。避免因设备原因影响葡萄酒质量。

（三）葡萄酒过滤除菌

在装瓶前，必须对葡萄酒进行除菌过滤。过滤的标准就是让葡萄酒越澄清越好。如果使用除菌纸板过滤，则葡萄酒的压力不能超过 0.05MPa，保持平稳一致。使用此方法，最好在过滤机与灌装机之间安装一个容器，以起到缓冲作用；但如果使用膜过滤，压力对质量问题影响不大，可以忽略不计。

（四）装瓶

视频 装瓶

使用真空灌装机罐装葡萄酒。①将被灌的液瓶倒置放在工作篮上，检查液瓶下口，应对齐。②将真空篮放在真空罐中，盖好快开罐盖并锁紧。③关闭放空阀门、进液阀，开启真空泵，调节真空调节阀使真空度（试灌装量而定）达到工艺要求，踩下脚踏板使被灌的液瓶下口插液体。④缓慢开启进液阀门，这时罐内液位升高，同时开启放空阀门，使液位保持在视镜规定的液位之间。⑤当真空表指针处于 0 状态时，证明灌液完毕，退回脚踏板，可打开快开罐盖，取出已灌满的液瓶。⑥真空汞的故障排除见单级旋片式真空泵使用说明书，真空泵长期不用（超过 7d），应将汞内已用过的机油放净，并用新机油冲洗、换新，以防油中水分腐蚀泵体。

（五）压塞

使用压塞机压塞，后续贴标签，装箱。①将需要打塞的红酒放置打塞器指定位置。②准备和瓶口大小相近的木塞放置到酒瓶上方的槽子里。③拉动打塞器的拉杆即可打塞完成。④人工贴上标签。⑤装箱。

四、注意事项

1. 装瓶过程中的注意事项

（1）切勿将开闭阀混淆，避免酒样喷出。

（2）液面应稳定一致，避免高低不一，影响美观。

2. 软木塞使用时的注意事项

（1）瓶口的实际尺寸：标准的瓶口公称内径一般掌握在18.5mm左右。

（2）塞子尺寸：天然塞直径不小于24mm，不大于25mm；聚合塞直径不小于23mm，不大于24mm。

（3）打塞机缩口最小尺寸为616.5～617.0mm，极限压缩量一般应小于31%，否则塞子内部结构会受到一定程度的破坏，影响长期贮藏的密封性。

五、实习作业

（1）如何判断葡萄酒的稳定性？

（2）灌装机除了真空灌装机以外，还有几种，其工作原理各是什么？

第二节 贮 藏

一、知识概述

葡萄酒在不同的时期会有不同的处理条件和方式，不同的处理方式会导致它们各自适用不同的贮藏条件。以瓶内陈酿葡萄酒为例，它应该在温度为12～15℃的陈酿库中贮藏。因此，陈酿库应该具有良好的绝热性能，不受蛾的侵袭，以防止它在瓶塞上产卵，形成木塞虫。此外，陈酿库中应该禁止使用任何带气味的挥发性物质，以防止污染葡萄酒。需要特别注意的是，如果酒瓶的密封性较差，那么葡萄酒更容易受污染并形成霉味，从而影响葡萄酒的品质。

（一）原瓶葡萄酒的保存

对一瓶高品质的葡萄酒来说，保存得好坏与否，直接影响了酒的口感，还在一定程度上影响了葡萄酒的升值潜力。一般来说，保存葡萄酒要注意温度、湿度、光线、振动和摆放等方面。

1. 温度 温度一定要有保障，保存葡萄酒的最佳温度是10～14℃，20℃为上限，5℃为下限，并且温度保持稳定，否则对酒的品质有很大的伤害。随着温度的升高，酒体成熟过快，酒的风味会变得比较粗糙，更可能因为酒的过分氧化造成酒的变质。

2. 湿度 湿度对葡萄酒的影响主要作用于软木塞，一般来说湿度在60%～70%比较合适。湿度太低软木塞会变得比较干燥，影响密封效果，让更多的空气与酒接触，加速酒的氧化，导致酒品质下降；而湿度过高，会导致软木塞发霉而破坏酒的品质。

3. 光线 光线中的紫外线对酒有很大的伤害，它也是加速酒氧化过程的罪魁祸首之一，因此长期存放葡萄酒就一定要在避光黑暗的地方。如果由于人的进出需要光照，也应该选用黄光、红光等光源。

4. 振动 装在瓶中的酒会发生变化，虽然这是一个缓慢的过程，但振动会让葡萄酒加速成熟，让酒变得粗糙，所以葡萄酒应该放到远离振动的地方，而且不要经常搬动。

5. 摆放 正确的摆放应该是平放或瓶口略微向上倾斜15°。对于需要贮存较长时间的酒，瓶口向下的方法不可取，因为酒贮存时间长了会有沉淀聚集在瓶口处，可能会黏在那里，这样倒酒时会连同沉淀一起倒入酒杯，影响酒的口感和观感，更影响人们品酒的心情。平放或瓶口略微向上放置，沉淀就会聚集在瓶子底部。

6. 异味 葡萄酒易被其他气味影响，所以要求通风。

（二）库储管理

现代工业化生产的绝大多数葡萄酒都属于新鲜型（果香型）即饮葡萄酒。一般不需要进行瓶贮，在灌装封帽后，进行必要的感官、理化、卫生、酒石及蛋白质稳定性检测合格后即可入成品库，库贮熟化1～2个月即可发往市场销售。

在陈酿结束后，取出的瓶装葡萄酒应首先进行擦洗并保证套帽前木塞顶端干燥，防止因木塞顶端潮湿造成套帽后出现塞顶部空间滋生霉菌的现象，因此，建议使用顶部有孔套帽，即在胶帽顶部穿刺几个小孔。需要注意的是，国际标准禁止使用含铝热收缩帽。

成品葡萄酒装瓶以后，一般贮存在成品库中陈酿，或者直接套帽、贴标、装箱、进入成品库。入库后要一律倒放（单只装）或卧放（盒装）。

1. 成品库要求 成品库应具有良好的绝热性能，保证不受潮，并禁止有任何的带气味的挥发性物质存在。库内要保持凉爽干燥，空气流通，温度以5～25℃为宜，环境湿度不得高于70%，无发霉现象；库内要避免光线的照射，出入库使用电灯，做到人走灯灭。另外，成品库周围环境要清洁、整齐，库内还要有防御、防水、防火、防鼠等设施。

2. 库存期检测分析 酿酒师要在库存期间定期地对葡萄酒进行观察、品尝，并有针对性地对总酸、挥发酸、游离二氧化硫等指标进行分析，以便准确地预测葡萄酒是否成熟并及时发往市场。这样也可以及时发现如沉淀、霉味、酸败或其他异味等问题。

（三）运输管理

葡萄酒库贮成熟后便要发送到市场或者客户处。运输方式主要是航空、公路、铁路和轮船等长途运输方式。

成品葡萄酒的标签和纸箱最怕受潮，所以成品库应该干燥、冷凉。无论是在贮存过程中，还是在运输过程中，都必须考虑葡萄酒所能达到的最高温度。因为，升温是引起漏瓶的主要原因之一。航空运输对葡萄酒的影响不大，因为货运仓密封性好，由高度引起的低压和低温对葡萄酒的密闭性影响也很小。但这种运输方式成本较高，且数量有限。

对于公路、铁路和轮船等长途运输，温差的变化可能非常大，而且所经历的时间也相对较长，再加上路途的摇动，这些因素都对葡萄酒产生不利。所以，如果采用传统集装箱运输，就很难保证运输质量。因此，在这种情况下，应采用绝热集装箱或自动控温集装箱。

（四）瓶贮管理

葡萄酒在装瓶压塞后，在一定条件下卧放贮存一段时间，这个过程称为瓶贮。对高档

（陈酿型）葡萄酒来说，瓶贮是提高酒质的重要措施，一般都要经过瓶贮后才重新净化、包装出厂。

1. 瓶贮的作用机制　　陈酿是一个缓慢的过程，葡萄酒陈酿过程中经过一系列的物理、化学变化，是从新酒逐渐成熟，再到衰老的生命过程。

正常成熟的葡萄酒在经过 3~12 个月的瓶贮后，由于还原作用可以消除轻度氧化或减轻过度氧化的不良影响，可以获得细致的香气和协调柔细的口感。二氧化硫在无氧条件下，与酒石酸发生脱氢反应，生成的二羟丁烯二酸还原性强，能把氧化的风味物质还原，减弱氧化物质给酒带来的不细致、不柔和的缺点。而酒在瓶贮几个月后，其氧化还原电位达到低点，在这种低电位的还原状态下，葡萄酒才容易形成愉快的香气，进而显示出特有的风格与典型性。

在瓶中陈酿的过程中，氧气的渗透可以被抑制，各种更缓慢的反应继续进行，在瓶中产生醇香并使酒达到最后的成熟度。

2. 瓶贮的影响因素和瓶贮期

1）温度　　温度影响"瓶熟"的速度。温度高，老熟快，衰老也快。温度低，老熟慢，容易得到细致的香气和舒适协调的口感，并具有较强的生命力。当瓶贮温度低于 5℃时，有导致酒石结晶析出的风险。所以瓶贮时，白葡萄酒以 10~12℃为宜，红葡萄酒则以 10~15℃为宜。

2）湿度　　在瓶贮时，湿度亦有重要的意义。瓶贮室内的空气不应过分干燥和过分潮湿。在很干燥的室内，葡萄酒会加剧氧化，而潮湿的房间，能使霉菌繁殖，使霉菌的气味散布从而影响酒的风味。最合适的湿度一般在 50%~70%，过高可采用通风排湿，过低可在地面洒水。

3）二氧化硫含量　　一定的二氧化硫含量有利于瓶贮，除了前述的二氧化硫在贮酒中的有益作用之外，还由于二氧化硫的优先氧化而避免了其他物质氧化带来的混浊，一般认为瓶贮开始时酒中的游离二氧化硫含量在 50~60mg/L 为好。

4）酒面气体的组成　　酒面气体的组成对葡萄酒中的氧化还原反应产生影响，从而影响瓶贮酒所能达到的质量，影响货架期。最好选用在压塞前能对酒面充氮的灌装设备。

5）封口质量　　目前的封口产品有软木塞、聚合塞（高分子塞）、螺旋塞。聚合塞和螺旋塞用于快销产品，只有软木塞封盖产品适合长期贮存。

软木塞能确保高档葡萄酒长期保存时的品质。软木的柔韧性和弹性使它既可以很容易地受压变形，又可以在压力除掉时逐渐恢复原状。这样就可以缓解由于热胀冷缩引起酒体积变化而带来的瓶内压力变化，从而能减少为此而留下的瓶隙空间。

软木还有较好的摩擦系数，具有良好的密封作用，也易被起塞。

6）光线　　光线照射对葡萄酒有不良影响，光线容易造成酒的变质。紫外线的照射会导致氧化反应，日光灯和霓虹灯易让酒产生还原变化。白葡萄酒较长时间地被光线照射后色泽变深，红葡萄酒则易发生混浊。因此，葡萄酒最好都应采用深色（深绿、褐色）玻璃瓶贮存。瓶贮场所要求不透光，只在取酒时才开灯为好。

7）瓶贮期　　每种葡萄酒从酿造到适合饮用都有贮存的最佳期和衰老期。葡萄酒达到质量最高点的时期最适于饮用。但随着时间的延长又进入衰老期，酒质慢慢下降，甚至变坏，这就是葡萄酒的寿命。

酒的类型不同，其组成成分有差别，所需的瓶贮时间也会不同。即使是同类型葡萄酒，如果酒精度、干浸出物、糖的含量不同，也应有不同的瓶贮时间。一般红葡萄酒要比白葡萄酒的瓶贮时间长；酒精度高、干浸出物含量高、糖含量高的葡萄酒需要较长的瓶贮期。此外，不同品质和风味的葡萄酒，对瓶贮时间要求也不同。佐餐红葡萄酒的瓶贮期一般较佐餐白葡萄酒的要长。甜酒和加强葡萄酒的贮存期还要长些。为了获得极为细致的高级葡萄酒，贮存条件和时间都需要严格的选择，要求较低而稳定的温度和较长的时间；但如果只是为了使酒的品质改善，即达到果香与酒香的和谐，则在室温下贮存半年品质即可为最佳状态。总之，最佳的瓶贮时间以消费者购买葡萄酒时这瓶葡萄酒正好达到最高品质或最佳状态为宜。

（五）橡木桶的作用

在橡木桶中，葡萄酒表现出深刻的变化：其香气发育良好，并且变得更为馥郁，橡木桶可给予葡萄酒很多特有的物质；橡木桶的通透性可保证葡萄酒的控制性氧化。因此，橡木桶不仅仅是只能给葡萄酒带来"橡木味"的简单贮藏容器。

橡木桶的通透性和能给葡萄酒带来水解单宁，使葡萄酒发生一系列缓慢而连续的氧化，从而使葡萄酒发生多种变化。如果葡萄酒的酿造工艺遵循了一系列原则（原料良好的成熟度，浸渍时间足够长），在橡木桶中的陈酿，可以使葡萄酒更为柔和、圆润、肥硕，完善其骨架和结构，改善其色素稳定性。相反，如果葡萄酒太柔和，多酚物质含量太低，在橡木桶中的陈酿则会使其更为瘦弱，降低其结构感，增加苦涩感，大大降低红色色调、加强黄色色调。

在所有情况下，陈酿方式必须与葡萄酒的种类，特别是与其酚类物质的结构相适应。在橡木桶中的陈酿过程中，除能给葡萄酒带来一系列成分外，主要还有以下三个方面的改变。

（1）橡木桶的容积通常较小，木桶壁具有通透性，便于葡萄酒的自然澄清和除去二氧化碳气体。

（2）橡木桶通过影响葡萄酒中胶体物质而影响葡萄酒的稳定性和口感。

在冬季，由于气温的降低，葡萄酒中的酒石析出、沉淀，但葡萄酒中的胶体物质可阻止酒石的沉淀。所以，葡萄酒中的酒石长期处于超饱和状态，需要连续的几个冬季和冷处理，才能达到其相对稳定性。同在不锈钢罐中一样，在橡木桶中陈酿时，色素在低温下也沉淀。在葡萄酒的陈酿过程中，橡木木质素的降解可参与改善葡萄酒的口感和质量。

（3）橡木桶通过控制性氧化和酚类物质结构的改变而影响葡萄酒的味感和颜色。葡萄酒在橡木桶中的氧化为控制性氧化。由于橡木桶壁的通透性，氧气可缓慢而连续地进入葡萄酒。含量低且连续的溶解氧的进入和木桶单宁的溶解，就导致了一系列的反应，这些反应的结果主要表现为色素的稳定，颜色变暗，单宁的软化，使颜色更为稳定。与在不锈钢罐中陈酿的葡萄酒比较，在橡木桶中陈酿的葡萄酒的颜色更暗，但色度提高，红色色调更强。此外，橡木桶多糖的介入，明显增强了葡萄酒的肥硕感。

此外，在葡萄酒的陈酿过程中，很多橡木的成分会溶解在葡萄酒中，这些成分与来源于葡萄原料的成分有着不同的结构和特性。这些成分主要有以下几种。

（1）橡木内酯，又叫威士忌内酯，具有椰子和新鲜木头的气味，代表了新鲜木头的大部分芳香潜力。在橡木的自然干燥或烘干的过程中，橡木内酯的含量略有升高。

（2）丁子香酚，具香料和丁香气味。在橡木的干燥和烘干过程中，丁子香酚的含量有时会升高。

（3）香草醛，又叫香兰素，具香草和香子兰气味。香草醛在新鲜橡木中的含量很少，其含量在橡木的干燥和烘干过程中大幅度上升。

当然，橡木的种类、不同的加工方式，都会影响进入葡萄酒中的橡木成分。

橡木桶给葡萄酒还带来很多其他的气味成分，但它们对葡萄酒的影响较小。橡木的单宁主要是水解单宁，可影响葡萄酒的颜色、口感和氧化还原反应。

总之，橡木桶陈酿仅仅是葡萄酒的一种陈酿方法。每种葡萄酒是否需要进橡木桶，以及在橡木桶中陈酿多长时间，都是对酿酒师的考验。

二、实习仪器

人力叉车、分析天平、浊度计、紫外分光光度计、二氧化碳测定仪、试管、烧瓶、烧杯等。

三、实习步骤

（一）酒窖的观察

了解葡萄酒贮存温度、湿度及酒庄建造的注意事项。观察酒窖不同方位的温湿度记录仪，记录酒窖不同方位的温湿度。观察橡木桶摆放的位置，记录橡木桶的使用年限，观察满桶时酒的位置。观察酒窖中的安全设备有哪些，以及其摆放位置，并记录。观察酒庄建造的位置和建筑结构。

（二）酒瓶的摆放

学习酒的摆放，了解卧放的原因。

（三）库存期酒检测分析

品尝并有针对性地对总酸、挥发酸、游离二氧化硫等指标进行分析。以便准确地预期葡萄酒的成熟并及时发往市场。也可及时发现问题，如沉淀、霉味、酸败或其他异味等。

用电位滴定法测定酒样总酸，用蒸馏滴定法测定挥发酸，用氧化法测定游离二氧化硫，用酒精度比重计法测定酒样的酒精度，用斐林法测定总糖，用 pH 计测定酒样 pH。测定结果记录在表 4-1 中。

表 4-1 葡萄酒理化性质测定

样品	总酸	挥发酸	游离二氧化硫	酒精度/%	总糖/（g/L）	pH
酒样 1						
酒样 2						
酒样 3						
酒样 4						
酒样 5						
酒样 6						

四、注意事项

贮藏和运输的注意事项：无论是在贮藏过程中，还是在运输过程中，都必须考虑葡萄酒所能达到的最高温度。避免在高温或极低温时运输，高温易破坏酒的风味，而温度低于酒的冰点时，会使酒结冰，影响酒的品质。运输容器应尽量装满，避免半容器运输。对运输容器的卫生进行专门清洗处理。运输温度宜保持在5～35℃；贮存温度宜保持在5～25℃。

五、实习作业

（1）贮藏葡萄酒应该注意什么，贮藏的最佳温度是多少？
（2）葡萄酒运输要注意哪几个方面？运输的最佳温度是多少？
（3）葡萄酒理化性质测定时应该注意哪些操作？

第三节 酒窖管理

一、知识概述

光线照射对葡萄酒品质的影响最大，不管是自然光还是人造光。这就是为什么一座高品质的酒窖必定没有窗户，因为要保证日光无法直射进来。酒窖一般都建造于地下室，其中一个原因就是为了控制环境温度。优质酒窖里的平均温度相当稳定，冬天不会彻骨严寒，夏天也不会酷暑难耐。不过许多学院派研究最近证明，小范围内的温度波动对佳酿的贮藏是有积极作用的，它能帮助葡萄酒"呼吸"，使其缓慢且持续地进化和发展。除了极少数的例外，一般酒窖的参考温度基本介于13～14℃和17～18℃。同时，酒瓶需要水平放置，以使软木塞时刻与葡萄酒保持接触，不至于变干燥，从而防止木料发生令人讨厌的过早氧化。此外，酒窖中还要尽可能减少震动，比如尽量远离靠近火车或地铁附近的地方。

（一）酒窖环境要求

葡萄酒的贮存条件直接影响着葡萄酒的成品质量，不良的酒窖环境不仅不能使葡萄酒品质得到提升，还会造成葡萄酒品质的破败。因此，无论对于技术人员、生产人员还是销售人员，都必须熟知影响葡萄酒贮存质量的因素。

（二）酒窖的卫生

葡萄酒是一种饮用产品，因此像其他饮料一样，在生产、运输和贮存过程中都需要有卫生防范措施。由于葡萄酒本身含有乙醇和具有一定的酸度，而且经过发酵会给人以安全和卫生的印象，认为它具有一定的自我保护能力，甚至具有抗菌性质。实际上葡萄酒在口味和气味方面对任何污染和影响都特别敏感。它易于吸收酒窖和容器的不良气味和口味物质。酵母菌和细菌的污染会在容器和设备之间传播。因此酒窖中也会发生流行感染。

进行陈酿与加工葡萄酒和果酒的一切房屋都必须保持清洁。对于与加工和贮存酒类无关的物件，应从贮存葡萄酒、果酒的酒窖及其他房间内清除出去，因为这些东西常常会是葡萄酒、果酒感染霉菌和醋酸菌的源泉。潮湿的房间尤其如此，装有葡萄酒、果酒的容器应保持清洁。每次添桶时都必须检查其清洁情况。放在潮湿而暖和的屋内的酒桶，必须常常擦拭，以免出现霉菌，因为霉菌在温暖及潮湿的条件下会迅速繁殖。对桶架的护理也不应少于酒桶，否则它也会成为霉菌和细菌繁殖的来源。房屋地面必须保持十分清洁，因此在每天工作完毕，必须清洗或用湿墩布擦地。

为了防止霉菌在墙壁和顶板上滋生，每年应用石灰浆加上10%～15%硫酸铜喷刷或粉刷一次。空气中如有霉菌和细菌，可用硫熏法（每 $1m^3$ 空间用30g硫）进行消毒。硫熏应在休息日前一天下班前进行。休息日后，上班之前，应先对室内进行通风，然后再开始工作，以免中毒。二氧化硫对窖内的一切铁器都起腐蚀作用，所以在硫熏之前，必须把一切铁器物品从窖中搬出。为了避免桶上的铁箍受到腐蚀，应涂有沥青或清漆。另外，空气消毒也可采用卫生法规中允许使用的不影响产品质量的杀菌剂，如过氧乙酸杀菌剂等。

（三）转罐（换桶）

转罐（换桶）是指将酒从一个贮藏容器转移到另一个贮藏容器，同时采取各种措施以保证酒液以最佳方式与其沉淀分离的一种操作。

转罐是葡萄酒陈酿过程中的第一步管理操作，也是最基本、最重要的操作。不转罐或转罐操作不当会导致葡萄酒在陈酿过程中败坏。

1. 转罐（换桶）的作用

1）澄清　　转罐的第一作用是将葡萄酒与酒脚分开，从而避免腐败味、还原味及 H_2S 味等。幼龄葡萄酒的酒脚中含有酵母菌和细菌，将它们与澄清葡萄酒分开，可避免由它们重新活动引起的微生物病害。沉淀中含有酒石酸盐、色素、蛋白质及可能来自破坏病的沉积物，除去沉淀也是为了防止它们在以后温度升高等条件下重新溶解于酒中。

2）通气　　转罐可使葡萄酒与空气接触，溶解部分氧（2～3mL/L），这样的通气对于葡萄酒的成熟和稳定起着重要作用。幼龄红葡萄酒在第一次转罐操作时必须敞口进行。

3）挥发　　新酒被二氧化碳所饱和。转罐有利于二氧化碳和其他一些挥发性物质的释出，转罐时乙醇的挥发量很小可以忽略不计。

4）均质　　转罐（换桶）能使罐或桶中的酒质更加一致。在长期贮存过程中（特别是大容器中）出现的沉淀和顶空的气体会使酒液中形成不同的质量层次，转罐具有混合作用。

5）二氧化硫处理　　转罐时可调整酒中的游离二氧化硫的含量，可通过添加二氧化硫（亚硫酸）或混合不同容器的葡萄酒获得。

6）清洗贮酒容器　　利用转罐（换桶）的机会，对贮酒罐（池）进行去酒石、清洗，以及对橡木桶进行检修、清洗等工作。

2. 转罐（换桶）的时间和次数　　转罐（换桶）的时间和次数没有严格的规定，贮藏容器不同，转罐的频率也不同。在大容量的贮酒罐（池）中贮藏的葡萄酒需转罐的次数比在小容量的橡木桶中的多。例如，在贮藏的第一年中，前者一般每两个月转罐一次；而后者全年只转罐4次。另外，葡萄酒的种类不同，其转罐频率也有所变化。一些果香味浓、清爽的白葡萄酒的转罐次数很少。如果需要经过苹果酸-乳酸发酵，转罐则在这种发酵结束后进行。

在正常情况下，对于酿造陈酿葡萄酒，一般要领如下：在第一年，第一次转罐（称为脱泥）在苹果酸-乳酸发酵结束之后，即在11～12月进行。然后将发酵罐中的酒转移到大桶中。对于甜或半甜白葡萄酒，第一次转罐是在发酵停止的 2～3 周之后进行。第二次转罐是在冬季末，寒冷的 3 月份进行，此时酒窖温度还未开始回升。这主要是除去冬季沉淀下来的酒石酸盐，经过调整游离二氧化硫，可保护葡萄酒在春季免受污染。第三次转罐在 6 月份进行，此时正是葡萄开花季节。这时调整游离二氧化硫也是保证葡萄酒安全度过关键的夏季的重要举措。原先为了进行添桶操作，桶口一直朝上的酒桶现在需要塞紧口，转动 90°，使桶口朝侧面，以后不需要再添桶。最后在 9 月份，葡萄收获之前进行第四次转罐，这时要将酒转移到专放陈酒的酒窖中，以腾出空间来存放新酒。第二年，可进行一至二次转罐。

在葡萄酒规模化大生产中及在小酒堡生产中转罐（换桶）的时间及次数是不同的，但目的是一致的。可采用多种转罐方法，如充分和空气接触的开放式转罐或避免和空气接触的密闭式转罐。酿酒师与操作人员可根据各自的情况进行。

3. 转罐（换桶）的方法

1）**虹吸法转罐**　酒窖内葡萄酒转罐往往应用虹吸的方法，用桶存放的葡萄酒用这种方法最好。用虹吸方法转罐能很好地隔绝空气，此时酒中溶解氧不超过 1mL/L。虹吸用的橡胶管应该很厚，以避免弯曲时折损，也可用不锈钢管和橡支管连接作虹吸管。在外露的虹吸管的末端安上阀门，使能够很快地停止流酒，而且能够把虹吸管由一个桶转移到另一个桶。

2）**压力法转罐**　运用二氧化碳气体的压力进行转罐，将二氧化碳气体通到贮酒容器的上部，使其在酒的液面上产生足够压力，迫使葡萄酒沿着输酒管转移到另外的容器中，这种方法在需要密闭转罐的时候效果很好。

3）**重力法转罐**　利用位置高度差所产生的重力，将高位置贮藏容器的酒通过自流的形式转移到低位置的贮藏容器中。这种方法适宜于高端酒的生产及小酒堡。

4）**泵法转罐**　在大的葡萄酒厂和大的加工站里，大量的葡萄酒需要进行转罐操作，通常是用泵进行转罐。用泵进行开放式转罐时，葡萄酒增加的氧可以达到 6mL/L；即使用泵进行密闭式转罐的方法也不能完全避免空气进入酒中，使每升葡萄酒增加了 4mL 氧气。用泵进行转罐的过程中同时通入二氧化碳气体或氮气的目的是隔绝空气，这种操作在保护酒方面取得了良好的效果。

（四）添桶

由于温度降低或酒中二氧化碳气体的释放，以及液体的蒸发，橡木桶内葡萄酒液面下降，形成空隙，使酒大面积接触空气，这时葡萄酒容易发生氧化、败坏，因此必须随时将桶添满。

1. 添桶的期限　每次添桶间隔时间的长短取决于空隙形成的速度，而后者又决定于温度、容器的材料和大小及密封性等因素。一般情况下，橡木桶贮藏的葡萄酒每两周添一次。

2. 添桶用酒的选择　一般来说要用同品种、同酒龄的酒进行添桶，在某些情况下可以用比较陈的葡萄酒。但是在任何情况下都不可用新酒添老酒，因为这样会增加那些在贮存过程中已经析出的物质（主要是蛋白质），使酒变新了，而在贮存时取得的效果消失了。除此以外，新酒总是含有大量的微生物（酵母菌和细菌），它们在贮存过程中和沉旋物一起沉淀下来，因此贮存酒用比较新的酒添罐以后，会使被添的酒含有大量的不良微生物。

在缺乏同品种葡萄酒时，可用其他品种的酒添桶，但是必须注意添桶所用的酒在香和味方面是中性的（香气不大，滋味柔和，浓淡适中的酒），不会给被添加的酒带来任何另外的特征。在任何情况下，添桶所用的葡萄酒必须是健康无病的。酿酒师对添桶用的酒应该特别注意选择，要亲自进行检查，必须进行葡萄酒的化学与微生物检验，同时进行品尝，只有经过检验得到好的结果以后，用来添桶才是适合的。添桶用酒本身平时应该贮存在添满酒的罐中或贮存在氮气中。

3. 保持"满罐"的措施 在生产中，有些葡萄酒贮藏容器常常不能完全添满。生产组织不当或容器结构不合理都会出现这样的问题。有时还会根据需要，间断地、每次少量地从贮藏罐中取出葡萄酒。由于罐中放酒有时需要几天或更长时间，在此期间因大面积接触空气使酒易于出现氧化、败坏的危险。为了避免上述缺陷，有的酒厂使用浮盖装置防止空气进入葡萄酒中。浮盖可以随液面升降而浮落，始终漂浮在葡萄酒的液面，并与容器内壁相嵌合。但是最好的方法是通入氮气贮藏。因为氮气是不溶性的稀有气体，可以填补空隙，隔绝空气。

充氮贮藏的方法很多，其中最好的方法当然是消耗氮气最少的方法。充氮气贮藏只能用于密封良好且承受轻微内压的贮藏容器。金属罐、聚酯纤维和玻璃纤维最适于充氮贮藏；嵌有玻璃或涂有环氧树脂的水泥池也可用于充氮贮藏，但最好不要有内压；普通水泥池和木桶不能用于充氮贮藏。此外，在使用充氮贮藏时，所有的接头、管道焊口及开关、龙头等都必须具有良好的密封性。

纯氮一般装在 20~50L 的钢瓶中，其容量为 3~7.5m³。在大酒厂，如果用量较大，流量达 10m³/h 左右时，最好使用液态氮，并贮藏于厂房外面。由于二氧化碳具有较强的溶解性，如果葡萄酒中二氧化碳的含量接近 0.7g/L，就会影响其感官质量。所以，二氧化碳不能用于充气贮藏。但是，有时为了避免二氧化碳的耗损，也可用二氧化碳与氮气的混合气体（85% N_2 + 15% CO_2）进行充气贮藏。

稀有气体的使用不限于在未满罐的酒罐中。葡萄酒的其他操作也可以考虑在稀有气体环境中进行。例如，在用泵送酒时可以在管道中充以氮气，利用碳酸化环境可以进行酒的暂时保护，装瓶在中性气体中进行，装瓶前用氮气置换瓶中的空气，或充氮气进行脱气和脱味操作等。

二、实习仪器

葡萄酒酒罐、橡木桶、高脚杯等。

三、实习步骤

（一）酒瓶放置

学习酒瓶的放置，学习酒窖的管理。将酒瓶平放，让酒液与软木塞接触，这样有利于保持软木塞的湿润和弹性，开瓶时软木塞不易断裂。

（二）添桶

进行添桶，倒罐操作，了解葡萄酒陈酿过程中的第一步管理操作。逐个检查橡木桶中的酒，标记不是满桶的酒桶，用成品酒将未满桶的酒桶添满即可。

（三）品尝

对桶中的葡萄酒进行品尝，分析葡萄酒的感官质量变化，了解葡萄酒的出桶时间；同时还可以及时发现问题，如霉味、酸败或其他异味等，并采取相应处理措施。

四、注意事项

酒瓶需要水平放置，以使软木塞时刻与葡萄酒保持接触，不至于变干燥，从而防止木料发生令人讨厌的过早氧化。

酒窖都应符合某些共同的要求（主要是温度、湿度、通风、光照等因素）。

注意酒窖的卫生，葡萄酒在口味和气味方面对任何污染和影响都特别敏感。它易吸收酒窖和容器的不良气味和口味物质。因此，要保持酒窖干净。

五、实习作业

（1）酒窖环境要求有哪些？为什么这样做，这样做的目的是？
（2）转罐（换桶）方法有哪些？并详细描述转罐的过程，转罐的目的是什么？
（3）保持"满罐"的措施有哪些？并列举该措施的注意事项。
（4）影响瓶贮陈酿的因素有哪些？分析这些因素影响瓶贮陈酿的哪些方面。

第四节　侍　酒

一、知识概述

人们在餐桌上谈论葡萄酒最多，也最爱在餐桌上鉴赏葡萄酒。环境的不同，葡萄酒的质量也不同，其品质可能被破坏，也可能被表现出来。葡萄酒的鉴赏需要相应的条件、环境和服务规范。而正是在这些方面人们存在着很多误区及错误的观点和做法。如前所述，在所有葡萄酒爱好者的心目中，会喝葡萄酒是一种生活的艺术，在任何场合，会品尝葡萄酒都会使人焕然一新，学会了解、品尝一种优质名酒，鉴赏它的质量和风格，让生活慢下来，这会与我们繁忙的生活方式形成鲜明对比。通过葡萄栽培方法的优化，可以不断提高葡萄酒的质量，而良好的葡萄酒服务就必然成为鉴赏葡萄酒的重要部分。

（一）环境

鉴赏葡萄酒的环境应安静，没有异味。昏暗和有色的灯光也会影响葡萄酒的鉴赏。太花哨的环境不适合鉴赏葡萄酒的颜色，所以最好使用白色桌布。

（二）酒杯

在酒杯的选用方面，存在着很多误区，但不管怎样，酒杯应能使葡萄酒实现其价值，它们应该为我们获得视觉、嗅觉、味觉及精神的享受提供服务。酒杯的材质、颜色、形状和大小，对葡萄酒都有很重要的影响。

酒杯的材质应为玻璃或水晶，无色，透明，无雕花，以便鉴赏葡萄酒的外观。酒杯的形状应为郁金香形或圆形缩口高脚杯，以便能摇动葡萄酒，并使葡萄酒的香气能在出杯口前浓缩。酒杯应足够大，倒酒时应倒至酒杯容量的1/3。倒得太少，葡萄酒的香气就太弱；倒得太多，就不能摇动葡萄酒。

持酒杯时，应持酒杯的杯脚或杯柄，而不应握住酒杯的杯壁。这是因为，如果握住杯壁，一方面会在酒杯外壁上留下掌纹，影响葡萄酒外观的鉴赏；另一方面，会使酒温升高而影响葡萄酒的香气和口感。同样重要的是，在倒酒以前，应先闻闻空杯，以确定酒杯是否有异味。如果有，最好用葡萄酒将酒杯涮一涮后再倒酒。

在清洗酒杯时，可能在酒杯上留下钙质水垢或洗洁精的气味；如果用餐巾纸擦拭酒杯，或餐巾纸在酒杯中停留的时间太长，则会使酒杯具有纤维的味道；同样，如果将酒杯扣倒沥干，也会使酒杯具有使人不愉快的气味；也不要将放在木柜中的酒杯拿出来直接使用，这样会使酒杯带有木柜的气味。

正确的酒杯清洗方法应是：在洗液中浸泡刷洗，流水冲净，在纯棉布上沥干，使用前用干净细丝绸擦净。

在鉴赏汽酒或起泡葡萄酒时，应用香槟酒杯。

（三）开瓶

在鉴赏葡萄酒时，首先应使用开瓶器将木塞拔出。不能用筷子等硬物将软木塞顶入瓶内，或将瓶底撞墙以顶出软木塞。因为这样做，一是不安全，二是不卫生，同时还会破坏葡萄酒的质量。

（四）醒酒

在一些特殊情况下，还需要醒酒。醒酒，就是将澄清的葡萄酒倒入一无色透明的玻璃酒壶（醒酒器）中，以便将澄清葡萄酒与瓶底的沉淀物分开，同时使葡萄酒"呼吸"。但是，醒酒应遵循以下原则：①只有瓶底有沉淀的葡萄酒才需要醒酒；②如果需要醒酒，则应在上酒前进行；③只有那些香气不太纯正或有过多二氧化碳的葡萄酒才需要提早醒酒，以使葡萄酒与空气接触，让它"呼吸"。事实上，只有少数葡萄酒才需要醒酒。

（五）侍酒

侍酒是为了让客人感受到舒适的氛围，享受到完美的服务。

（六）酒温

温度是影响葡萄酒鉴赏的决定性因素之一。一般情况下，各类葡萄酒的最佳饮用温度如下：

陈年干红葡萄酒：16～18℃（即室温）；

一般干红葡萄酒：12～16℃；

桃红、半干、半甜及甜型葡萄酒：10～12℃；

干白葡萄酒和起泡葡萄酒：8～10℃。

在上述温度中，最高温度适合陈年老酒、结构感和醇香浓郁的葡萄酒。饮用温度越低，葡萄酒的香气就越淡，其单宁就越粗糙；饮用温度越高，其香气就越滞重。白葡萄酒的温度过低，就会"熄灭"，即不能表现出其特性。

（七）餐酒搭配

在过去，人们在葡萄酒与食品的搭配方面的研究很不够。这是因为人们还没有认识到葡萄酒是使一桌饭菜成功的重要因素之一。幸运的是，现在这种情况已大为改观：懂得葡萄酒与食品的和谐搭配，已成为一门生活艺术。如果我们不懂得葡萄酒与食品搭配的艺术，那么，无论是多么美味的菜肴，还是多么优质的葡萄酒，都会由于它们之间的搭配不当而变得难以下咽。实际上，只要我们对葡萄酒和食品都具备必要的知识，则懂得该生活艺术就并不困难了。如果我们不知道某种菜肴的原料和风味，就不可能选择出与之和谐搭配的葡萄酒。只有当葡萄酒与食品具有相互共融、和谐的特点时，它们之间的搭配才会成功。

如前所述，每种葡萄酒都有其特有的外观、香气、口感和风格。而人类的菜肴也是丰富多彩，各具特色的。特别是我国的菜肴，如享誉世界的四大菜系、种类繁多的风味小吃，更是为世人所称道。所以，葡萄酒与菜肴会有最佳的搭配，其原则是：相互提高，并能使对方的质量和风格得到更为充分的表现。如果搭配不当，不仅不能表现出葡萄酒的风格和质量，还会影响菜肴的风味。例如，气味很重的奶酪会完全掩盖优质红葡萄酒的优雅度；西瓜、甜瓜等搭配红葡萄酒又苦又涩。

（八）葡萄酒与菜肴的搭配举例

生蚝、牡蛎（通常须加柠檬汁或醋）、各类生猛海鲜，是干白葡萄酒的最佳搭档；鱼子酱可选用干白葡萄酒或起泡葡萄酒；熏鱼是干白葡萄酒的最佳搭档；腊肠的最佳选择是桃红葡萄酒；奶油汤或油腻的汤类可选用半甜或甜白葡萄酒，而对于其他的汤类则最好不搭配葡萄酒。米饭、披萨和面条等，根据配料的不同，可配白葡萄酒或红葡萄酒。煮鸡蛋的最佳搭档则是清爽的干白葡萄酒。鱼的最佳搭档是白葡萄酒，白葡萄酒的种类可根据鱼的做法和佐料的不同而定。例如，烹饪的美食与可用果香味浓的干白葡萄酒搭配；但是对于用红葡萄酒烹饪的鱼则应选用半干白葡萄酒或新鲜红葡萄酒搭配，而川味红汤鱼则应选用干红葡萄酒搭配。

对于烤牛肉、牛排、羊羔肉，结构感强的干红葡萄酒始终是最佳的选择。根据佐料和烹饪方式的不同，红、白葡萄酒都可作为小牛肉和猪肉的良好搭档。对于鸡肉和火鸡，也可根据其烹饪方式和颜色选择干白葡萄酒或干红葡萄酒与之搭配。同样，根据不同的情况，可选择干白、干红和桃红葡萄酒与鸭肉和鹅肉搭配。

对于凉菜类，通常情况下，清爽型干红葡萄酒或桃红葡萄酒是普遍适宜的选择。如熟肉冷盘，可选用桃红葡萄酒、清爽型红葡萄酒；但有的熟肉，如肉酱、粉肠等则与干白葡萄酒搭配良好；凉拌蔬菜则应选用干白葡萄酒；腊味、肥肠、鹅肝等，根据不同情况，则是红葡萄酒、利口酒、甜型葡萄酒的良好搭档。

结构感良好的桃红葡萄酒和柔顺的干红葡萄酒可普遍适宜于各类砂锅、火锅、涮羊肉、羊杂汤及多数煲类。一般情况下，干红葡萄酒是奶酪的最佳搭档，但对于一些味浓的奶酪，则可选用甜红葡萄酒或利口酒。多数甜点，如冰激凌、巧克力和各类水果布丁等，并不适宜搭配葡萄酒。在这种情况下，建议选用甜型的葡萄汽酒或起泡酒。当然，各类氧化型甜葡萄酒也是良好的选择。

二、实习仪器

酒杯、醒酒器、海马刀开瓶器、"T"形旋转式开瓶器、蜡烛、白布、细丝绸等。

三、实习步骤

（一）酒杯的清洗

在清水中浸泡刷洗酒杯，用流动水冲净，在纯棉布上沥干，使用前用干净细丝绸擦净。

（二）开瓶

使用海马刀开瓶器和"T"形旋转式开瓶器进行开瓶体验，并学习该操作。

开瓶操作过程如下：手按刀背，于瓶口凸起处逆时针划割180°，顺时针再划割180°，直到划开为止。然后对准木塞正中，垂直向下用力，顺时针旋转酒刀。记住不要钻透木塞，用最外侧的马蹄口位抵住瓶口，用力上提刀柄，直至开瓶为止。瓶塞不要直接拿出，防止木屑掉落，慢慢拉开即可。

开瓶时，应先用小刀在接近瓶颈顶部的下陷处，将胶帽的顶盖划开除去，再用干净的细丝棉布擦除瓶口和软木塞顶部的脏物，最后用开瓶器将软木塞拉出。但是，在向软木塞中钻进时，应注意不能过深或过浅，过深会将软木塞钻透，使软木塞屑进入葡萄酒中，如果过浅则启瓶时可能将软木塞拉断。开瓶后，应先闻一闻软木塞，以确定其是否有异味（木塞味，如果有则应换一瓶酒），然后用棉布从里向外将瓶口部的残屑擦掉。目前，不少消费者或酒店的葡萄酒服务时，往往没有将胶帽的顶盖割除就直接用开瓶器拔软木塞，这是错误的做法。这种错误的方式，一方面会由于胶帽顶盖的存在，软木塞不易拔出；更主要的是，瓶口和软木塞顶部的脏物没有清除，会进入葡萄酒中，同时还会给人以不愉快的感觉。开瓶后，将葡萄酒垂直放在酒桌上，或倾斜放在侍酒篮中。在酒店中，对于有沉淀的葡萄酒，侍酒常用侍酒篮。在这种情况下，应先将葡萄酒垂直静置适当的时间后，再斜放入侍酒篮中。

对于起泡葡萄酒，在开瓶时，应先将瓶塞外的保护金属丝解开。然后将酒瓶倾斜45°，用一只手的拇指压软木塞的顶部，旋转软木塞，将其启出。在开瓶时，应防止"砰"的响声，防止泡沫溢出。在开瓶后，同样将瓶颈擦干净。在侍酒时，应先在倾斜的酒杯中倒入少量的泡沫，片刻后再倒酒。

（三）醒酒

将澄清的葡萄酒缓缓倒入一无色透明的玻璃酒壶（醒酒器）中，将一整瓶红酒全部倒入，一般醒酒时长为30min，以便将澄清葡萄酒与瓶底的沉淀物分开，同时可使葡萄酒"呼吸"。

（四）侍酒

在酒店中，待客人根据酒单选取葡萄酒后，侍酒员应先用白棉布巾将酒瓶托好，酒的标签向外，请主宾确认后再开瓶。

开瓶后，将最上面的葡萄酒倒出少许。然后在主宾的酒杯中倒 1/3 杯酒，并将开启后的软木塞给主宾验证，待主宾品尝认为可以后，再为其他客人倒酒。

倒酒时，应将瓶口抬起，在离酒杯杯口适当的高度，沿杯壁缓慢地将葡萄酒倒入酒杯中。注意，不能将瓶颈放在酒杯杯口上倒酒；也不能将酒杯拿离桌面倒酒。倒酒后，将瓶口旋转抬起，并用餐巾将瓶口擦干，以免酒滴落在桌上或滴在客人的身上。

四、注意事项

1．倒酒 倒酒时应倒至酒杯容量的 1/3，倒得太少，葡萄酒的香气就太弱；倒得太多，就不能摇动葡萄酒。

2．酒温 注意葡萄酒的酒温，葡萄酒的最佳饮用温度，同时还应考虑外界温度：外界温度越高，葡萄酒的饮用温度就应越低。

3．持酒杯 持酒杯时，应持酒杯的杯脚或杯柄，而不应握住酒杯的杯壁。如果握住杯壁，一方面会在酒杯外壁上留下掌纹，影响葡萄酒外观的鉴赏；另一方面，会使酒温升高而影响葡萄酒的香气和口感。

五、实习作业

（1）侍酒时应该注意什么？
（2）上葡萄酒的顺序应遵循哪些基本原则？

第五节　葡萄酒的稳定与成熟

一、知识概述

在经过一次发酵和可能的二次发酵后，葡萄酒便进入了它的成熟期，在这个阶段里，生涩的酒液经过一系列的处理（稳定、澄清、陈酿等）将获得更高的稳定度、澄清度及感官品质。那么，葡萄酒是如何进行稳定的呢？陈酿的作用又是如何发生的呢？这些问题是人们对葡萄酒的研究兴趣所在。葡萄酒的品质下降会影响一款葡萄酒的货架期并造成葡萄酒生产者的经济损失。此外，长久的陈年潜力却能提升一款葡萄酒的价值。在此过程中，消费者可通过给予葡萄酒特定的陈年条件和时间的方式而参与其中。由于对影响陈年的因素还知之甚少，所以在人们心中建立起了一种葡萄园、葡萄品种与陈年良好的葡萄酒之间的神秘感。

葡萄酒的陈酿常使用橡木桶，高品质的酒更是如此。与栗木、樱桃木、合欢木等材质不同，橡木在保证对酒液基本密封性的同时，其中的微孔可使微量氧气渗入，如愿地让葡萄酒"呼吸"，即保证葡萄酒与氧气能够持续接触，促进一系列陈酿反应的健康发展，同时通过烘烤也使橡木桶木质中的一些挥发性成分（如挥发性酚类成分）融入葡萄酒的风味。

最负盛名的酒桶来自法国，其在该领域有着历史悠久的传统酿造工艺。然而新时代的酒桶多产于美国或其他国家，因为在价格方面它们更具竞争优势，已成功在市场占据了一席之地。斯洛文尼亚产的酒桶也备受重用，因为它们的大尺寸很适合长时间的陈酿。酒桶常会被做成大大小小的不同尺寸，法式大酒桶更是流行广泛，其容量有 225L。与之媲美的另一种大酒桶，容量可达 300~500L。酒桶的质量非常重要，一只上好的酒桶，其制作过程可能耗费数年之久。当然，将葡萄酒存储于别的容器之中也未尝不可，如格鲁吉亚那里有着代代相传的酿酒传统，坚持使用又大又迷人的泥土罐，这种容器在世界各地的酿酒过程中获得了持续的好评。

葡萄酒不仅在陈化的同时不断地进行"自我发展完善"，而且成分也日趋稳定，直到一切就绪只等装瓶。此时，葡萄酒迎来了漫长路途的最后一站，在灌入玻璃酒瓶、正式问世或被我们倒入杯中品尝之前，酿酒厂还会让葡萄酒享受一次"大休憩"，以使其能够更好地沉淀。

（一）葡萄酒的稳定性检测

未经过稳定处理的葡萄酒可能由于氧化、微生物及其他化学原因导致浑浊，造成酒液破败，因此，对葡萄酒进行稳定性检测与处理是葡萄酒成熟的必要步骤。除可运用显微观察辨别微生物浑浊外，可通过将酒液置于较极端的贮存条件下，可在较短时间内使葡萄酒展现出是否会发生浑浊的可能，并根据试验结果进行相应的处理。其中，葡萄酒常见的浑浊可通过以下处理进行检验。

（1）酒石沉淀：将酒液低温（接近零度）放置数周，观察酒石沉淀的可能性，期间可通过接种晶种、记忆定期搅拌来加速结晶沉淀的过程。可用热水尝试溶解产生的沉淀，酒石酸氢钾可溶于热水，而中性酒石酸钙不溶于热水。

（2）金属破败病：主要包括铁破败病与铜破败病，区别是铁破败病通常在氧化条件下发生，而铜破败病主要在还原条件下产生。因此，铁破败病可利用容器装一半体积的酒液，充满氧气后放置在黑暗环境一周观察是否出现浑浊；而铜破败病曾是将白葡萄酒液装满酒瓶，密封后在非直射阳光下放置一周观察是否出现浑浊。

（3）色素的稳定性：主要用于检测红葡萄酒中花色苷的稳定性，可将红葡萄酒低温（接近零度）放置24h，观察可能发生的色素沉淀。如有沉淀可将酒液加温至40℃，观察沉淀是否再溶解。

（4）蛋白质稳定性：可对酒液进行加温导致蛋白质变性，冷却后出现絮凝沉淀的试验。酒液浑浊有则说明含有易于沉淀的蛋白质。也可通过添加0.5g/L的单宁观察浑浊是否产生。

（二）葡萄酒的稳定处理实践

在葡萄酒稳定的过程中，酿酒师会通过一系列处理获得葡萄酒的澄清度，同时达到使葡萄酒在未来正常储运条件下保持这一澄清度且无新的沉淀物产生。根据上文中稳定性检测的结果，可针对性地开展稳定性处理试验，处理方法可主要分为物理与化学两大类。

对葡萄酒的物理处理主要通过温度的调控，来加速不稳定物质的释出；而化学处理主要是运用一系列化合物与不稳定物质进行化学反应或结合沉淀的方式，去除不稳定物质，提高葡萄酒的稳定性。

（三）葡萄酒的温度处理

对葡萄酒的温度处理主要包括热处理与冷处理，其处理的目的不同。热处理对葡萄酒的作用主要包括对杂菌及其分泌氧化酶的控制（特别是品质不佳的原料），以及通过改变不稳定物质的结构从而促进其析出，如蛋白质、铜离子、结晶晶核。而冷处理主要目的为加速酒石结晶沉淀，之后通过过滤或离心去除酒石沉淀，稳定葡萄酒的同时降低酸涩感，改善感官质量。除加速酒石沉淀外，冷处理可同时去除部分色素胶体，避免装瓶后低温贮藏导致的色素沉淀。

葡萄酒温度处理的设备及处理方法根据酒厂条件不尽相同。在热处理中，葡萄酒可在装瓶前加热，无氧（稀有气体辅助）装瓶，并在装瓶后自然冷却。加热可借助输酒管水浴、板式热交换器或红外线处理等方式。在冷处理中，主要将葡萄酒通过冷冻机或热交换器，使葡萄酒温度降至冰点后贮藏一定时间，并在低温下过滤。为促进酒石沉淀，可加入高纯度的酒石酸氢钾及中性酒石酸钙（如需去除酒中酒石酸钙）作为晶种，贮藏中保持搅拌。

（四）葡萄酒的化学稳定处理

对葡萄酒的化学稳定主要为对葡萄酒的下胶处理，使用多种下胶材料针对性地结合酒液中不稳定的化学成分，促使其絮凝沉淀。下胶澄清过程包括酒液的自然澄清及人为处理加速澄清。在澄清过程中，酿酒师需通过多次转罐，将澄清的葡萄酒与澄清过程中产生并降落至罐底的沉淀物分离开来，转移至新桶中，从而达到逐步澄清的目的，并避免酒脚（沉淀物）可能带来的腐败等负面风味。除分离沉淀外，开放式的转罐还可使葡萄酒接触空气，有利于葡萄酒（主要是红葡萄酒）成熟与稳定，而白葡萄酒应避免开放式转罐。另外，葡萄酒中溶解的二氧化碳也可通过转罐进一步挥发。

酒液澄清稳定的下胶管理根据酒厂的设备条件不同而有所差异，但一般包括转罐、下胶、过滤三个主要环节，操作注意事项包括以下几点。

（1）根据葡萄酒贮藏罐的容量及所酿葡萄酒风格制定转罐次数及方法，容量较大的贮藏罐相对需要更频繁的转罐来保证酒中溶解氧的含量，以及酒液的均质化。为保持白葡萄酒新鲜风味，其转罐次数需求较红葡萄酒少，且需封闭式转罐。

（2）在葡萄酒贮运过程中密切关注酒液中游离二氧化硫的含量，并借助转罐对其进行必要的补充。

（3）葡萄酒的贮藏过程中由于蒸发等原因，酒液面会有所下降，导致酒液与氧气接触增多，增加氧化风险，需进行添罐处理使贮藏罐处于满罐状态，添罐用酒一般要求同品种、同酒龄，健康无病。

（4）根据欲去除目标化合物种类，选择合适的下胶剂产品，如膨润土可吸附蛋白质、明胶可吸附粗糙的单宁，并按照说明对下胶剂进行预处理（如膨润土加水搅拌等），并可通过对少量葡萄酒的下胶实验来确定用量，避免下胶过量。

（5）用于下胶的葡萄酒必须已结束酒精发酵和苹果酸-乳酸发酵（如选择实施），下胶应选择低温、气压高的天气，并保证下胶剂遇到酒液快速充分地混合。

在酿造过程中，酿酒师可能根据葡萄原料及酿造状况，对葡萄汁或酒液进行过滤，从而达到一定的澄清度而满足后续操作的基本需求。目前，生产中的过滤主要运用基于筛析过滤、吸附过滤，或两种方式结合所制成的设备。其中，筛析过滤是通过滤层上较小的孔目将较大的杂质阻隔去除；而吸附过滤是运用过滤介质通过吸附作用吸附杂质。基于以上原理，目前生产中常用的过滤设备包括基于筛析过滤原理的板框过滤机与膜过滤机，以及吸附过滤的错流过滤设备。过滤介质由于原理及目标不同而种类多样，如板框过滤机中的过滤板包括脱色木质纸浆、棉绒纤维、硅藻土制作的纸板、聚乙烯纤维纸板等。根据所需过滤效果的不同，纸板的厚度、型号间也具有差异，如用于初滤的粗滤板、进一步澄清所用不同厚度的澄清板，以及最后主要用于去除微生物的除菌板。

二、实习材料与仪器

（1）材料：贮藏中的葡萄酒、橡木桶。
（2）仪器：筛析过滤机等。

三、实习步骤

首先橡木桶中贮藏的酒（前期酿造好的酒），需数次倒桶，学生3~6人为一组，配合体验倒桶的过程。其次进行澄清与稳定的处理，使用多种下胶材料针对性地结合酒液中不稳定的化学成分，促使其絮凝沉淀。等待自然澄清，在澄清过程中需通过多次转罐，将澄清的葡萄酒与澄清过程中产生并降落至罐底的沉淀物分离开来，转移至新桶中，从而达到逐步澄清的目的。最后过滤使用筛析过滤机进行葡萄酒的过滤。

四、注意事项

1. 分离澄清注意事项　　在分离和澄清过程中，葡萄酒可能会吸收微量的氧气，不足以给葡萄酒造成明显的氧化，反而对陈酿过程具有一定益处。所以不需要通过充氮气来隔绝空气。

2. 过滤操作注意事项　　进行过滤操作时，需根据所在酒厂的设备条件，以及酒液的情况合理运用过滤设备中的组件并制定过滤方案。操作时注意以下几点。

（1）由于过滤时酒液与空气接触表面积增大，因此需保证葡萄酒的健康状况，并保证酒液中游离二氧化硫含量，避免过滤过程造成过度氧化。

（2）由于过滤过程中滤板滤孔逐渐堵塞或过滤介质表面逐渐覆盖杂质，导致过滤能力逐步下降，因此需实时检测过滤后的酒液浊度，这可通过在过滤机出口安装浊度计实现。如浊度超过标准，可将过滤后的酒液转移回待滤酒液，调整设备再次过滤。

（3）过滤并非一定在装瓶前进行，可根据需求在酿造过程中进行过滤，如发酵后、贮藏前都可安排过滤去除微生物、胶体等杂质来提高葡萄酒的稳定性，提高酒液的陈酿能力。

（4）建议于过滤前安排下胶与转罐，可提高过滤能力。同时，由粗到细合理安排过滤介质型号，提高过滤效果。

葡萄酒的功能的视频可扫码查阅。

视频
葡萄酒
的功能

五、实习作业

（1）分析在分离和澄清的过程中葡萄酒可能会吸收微量的氧气，但这些氧气为什么不足以让葡萄酒产生明显的氧化，反而对陈酿过程具有一定益处？

（2）简述倒桶的目的是什么？

主要参考文献

毕伟. 2007. 北京地区葡萄开花期和浆果生长期栽培措施. 南方农业，5：54-55

段晓凤，张磊，李红英，等. 2017. 贺兰山东麓酿酒葡萄新梢萌芽期室内霜冻模拟试验. 经济林研究，4：171-176

贺超普. 1999. 葡萄学. 北京：中国农业出版社

黄思佳. 2012. 酿酒葡萄的花期管理. 河北科技报

李华. 2008. 葡萄栽培学. 北京：中国农业出版社

李玉鼎，李欣，杨慧. 2010. 山葡萄在贺兰山东麓生态条件下的栽培表现. 北方园艺，16：224-225

马永明，宋文章. 2009. 酿酒葡萄栽培与管理. 银川：宁夏人民出版社：47-93

荣云鹏，田骥. 2002. 春季晚霜冻害对葡萄生产的影响及建议. 落叶果树，6：10-11

王洪江，张振翔. 2003. 葡萄园晚霜冻的防御及受害后的管理. 河北果树，3：43-44

王忠跃. 2009. 中国葡萄病虫害与综合防控技术. 北京：中国农业出版社

杨华，王巧莲，林芙蓉. 2007. 昌吉州中西部地区主栽葡萄的气象条件分析. 现代农业科技，12：12-13

张军翔，徐国前. 2015. 埋土防寒区酿酒葡萄标准化栽培. 银川：阳光出版社：42-146

张艳萍，宋长冰，安冬梅. 2006. 葡萄霜冻害研究进展. 中外葡萄与葡萄酒，3：41-43

赵俊，代建菊，李永平. 等. 2019. 云南省酿酒葡萄产业发展现状及竞争策略. 中外葡萄与葡萄酒，4：72-74

周敏，杨国顺. 2019. 葡萄园土壤养分状况分析与肥力评价. 安徽农业科学，47（22）：164-169

Kourakou DS. 1988. Wine spirit and brandy. Bulletin de L'OIV, 693-694, 901-944